水利工程设计与施工研究

张强　高云昌　徐小文　主编

延边大学出版社

图书在版编目（CIP）数据

水利工程设计与施工研究 / 张强，高云昌，徐小文
主编. -- 延吉 ： 延边大学出版社，2022.10
　　ISBN 978-7-230-04066-2

　　Ⅰ. ①水… Ⅱ. ①张… ②高… ③徐… Ⅲ. ①水利工
程－设计－研究②水利工程－工程施工－研究 Ⅳ.
①TV222②TV5

中国版本图书馆 CIP 数据核字(2022)第 196117 号

水利工程设计与施工研究

主　　编：张　强　高云昌　徐小文
责任编辑：金璟璇
封面设计：正合文化
出版发行：延边大学出版社
社　　址：吉林省延吉市公园路 977 号　　　　邮　　编：133002
网　　址：http://www.ydcbs.com　　　　E-mail：ydcbs@ydcbs.com
电　　话：0433-2732435　　　　　　　　　传　　真：0433-2732434
印　　刷：天津市天玺印务有限公司
开　　本：710×1000　1/16
印　　张：13.5
字　　数：200 千字
版　　次：2022 年 10 月 第 1 版
印　　次：2024 年 6 月 第 2 次印刷
书　　号：ISBN 978-7-230-04066-2

定价：68.00 元

编　写　成　员

主　　编：张　强　　高云昌　　徐小文

副 主 编：马庆花　　朱和宇　　杨茂华

编写单位：枣庄市水利勘测设计院

　　　　　山东宏丰达工程咨询有限公司

　　　　　苏州明骏建设工程有限公司

　　　　　临沂市东蒙水利建筑安装工程有限公司

　　　　　重庆市水土保持监测总站

　　　　　江苏利通建设管理咨询有限公司

前　言

随着中国经济实力的稳步提升和科技的不断发展，中国的综合国力取得了长足的进步，国际地位显著提高。水利工程在社会发展过程中发挥着重要的作用，因此相关单位必须采取有效措施，促进工程项目顺利开展，其中设计环节尤为重要。设计是整个水利工程的初始环节，结合地区实际开展设计，有助于提高工程质量，防止或减少事故的发生。此外，它还对施工过程的完善性、系统性和科学性有较大影响。在具体设计过程中，设计人员必须结合项目实际情况，从多个环节入手，制订健全的设计方案，发挥水利工程设计的重要作用。

水利工程在施工过程中具有复杂性，不仅施工工序复杂，而且工期比较长，涉及工程建设的不同方面，所以在实际施工过程中施工单位要特别重视对施工现场的有效管理。这要求施工单位对施工现场各个环节进行全面监督和控制，按照施工流程顺利完成相关作业。施工过程中施工质量和施工效率的提升还在于管理人员对管理要点的把握，只有抓住关键点才能发挥管理的最大作用，提高水利工程整体施工质量。水利工程还能在防洪减灾、水利调配等方面发挥重要作用，因此相关部门应该加强水利工程建设，注重水利工程管理。

在撰写本书的过程中，笔者借鉴了许多前辈的研究成果，在此表示衷心的感谢。由于笔者时间和精力有限，书中难免有不足之处，望广大读者批评指正。

笔者

2022 年 7 月

目　　录

第一章　水利工程及其设计

第一节　水利工程的分类

一、河道整治与防洪工程

河道整治主要是通过整治建筑物和其他措施，防止河道冲蚀、改道或淤积，使河流的外形和演变过程都能满足防洪与兴利等方面的要求。一般防治洪水的措施是采用"上拦下排，两岸分滞"的工程体系。

"上拦"是防洪的根本措施，不仅可以有效防治洪水，而且可以综合开发利用水土资源。"上拦"主要包括两个方面：一是在山地及丘陵地区进行水土保持，拦截水土，有效地减少地面径流；二是在干、支流的中上游兴建水库，拦蓄洪水，使下泄流量不超过下游河道的过流能力。

水库是一种重要的防洪工程。作为一种蓄水工程，水库在汛期可以拦蓄洪水、削减洪峰、保护下游地区安全，拦蓄的水流因水位抬高而获得势能并聚集形成水体，可以满足灌溉、发电、航运、供水和养殖等需要。

"下排"就是疏浚河道，修建堤防，提高河道的行洪能力，减轻洪水威胁。虽然这是"治标"的方法，不能从根本上防治洪水，但是在"上拦"工程没有完全控制洪水之前，筑堤防洪仍是一种重要的、有效的工程措施。

"两岸分滞"是在河道两岸适当位置修建分洪闸、引洪道、滞洪区等，将超过河道安全泄水量的洪水通过泄洪建筑物分流到该河道下游或其他水系，或者蓄于低洼地区（滞洪区），以保证河道两岸保护区的安全。滞洪区的规划与兴建应根据实际经济发展情况、人口因素、地理情况和国家的需要，由国家统筹安排。为了减少滞洪区的损失，必须做好通信、交通和安全防护等工作，并做好水文预报，只有在万不得已时才能运用分洪措施。

二、农田水利工程

农业是国民经济的基础。通过建闸修渠等工程措施，可以形成良好的灌、排系统，调节和改变农田水利状态与地区水利条件，使之符合农业生产发展的要求。农田水利工程一般包括取水工程、输水配电工程和排水工程。

取水工程是指从河流、湖泊、地下水等水资源中适时适量地引取水，用于农田灌溉的工程。从河流中引水灌溉时，取水工程一般包括抬高水位的拦河坝（闸）、控制引水的进水闸以及排沙用的冲沙闸、沉沙地等。当河流流量较大、水位较高，能满足引水灌溉要求时，可以不修建拦河坝（闸）。当河流水位较低又不宜修建坝（闸）时，可以修建提灌站来提水灌溉。

输水配电工程是指将一定流量的水流输送并配置到田间的建筑物综合体，如各级固定渠道系统及渠道上的涵洞、渡槽、交通桥、分水闸等。

排水工程是指各级排水沟及沟道上的建筑物。其作用是将农田内多余水分排泄到一定范围以外，使农田水分保持适宜状态，满足通气、养料和热状况的要求，以适应农作物的正常生长。

三、水力发电工程

水力发电工程是指将具有巨大能量的水流通过水轮机转化为机械能，再通过发电机将机械能转换为电能的工程。

水力发电的两个基本要素是落差和流量。天然河道水流的能量主要消耗在摩擦、旋滚等作用中。为了能有效地利用天然河道水流的能量，需采用工程措施，修建能集中落差和调节流量的水工建筑物，使水流符合水力发电的要求。在山区，常用的水能开发方式是拦河筑坝，形成水库，水库既可以调节径流，又可以集中落差。在坡度很陡或有瀑布、急滩、弯道的河段，可以沿河岸修建引水建筑物（渠道、隧洞），以集中落差和调节流量，开发利用水能。

四、供水和排水工程

供水是将水从天然水源中取出，经过净化、加压，用管网供给工矿企业等用水部门；排水是排除城市废水、污水和地面雨水。城市供水对水质、水量及供水可靠性要求很高，排水必须符合国家规定的污水排放标准。

我国水资源不足，现有供、排水能力与科技、生产发展以及人民物质文化生活水平的不断提高不相适应，特别是城市供水与排水的要求越来越高；水质污染问题也加剧了水资源的供需矛盾，而且容易污染环境，破坏生态。

五、航运工程

航运包括船运和筏运（木、竹浮运）。发展航运对物质交流、市场繁荣以及经济和文化发展都是很重要的。航运运费低廉，运输量大。内河航运有天然水道（河流、湖泊等）和人工水道（运河、河网、水库、闸化河流等）两种。

利用天然河道通航，必须进行河道疏浚、河床整治以及改善河流的弯曲情况、设立航道标志等，以建立稳定的航道。当河道通航深度不足时，可以通过拦河建闸、建坝抬高河道水位；或利用水库进行径流调节，改变水库下游的通航条件。人工水道是人们为了改善航运条件开挖的人工运河、河网及渠化河流，可以缩短航程，节约人力、物力、财力。人工水道除可以通航外，还有综合利用的效益，如运河可以作为水电站的引水道、灌溉干渠、供水的输水道等。

六、环境水利工程

一些水利专家根据多年工作实践加以理论总结，将人类水利史重新划分成与"古代水利、近代水利和现代水利"不同的"原始水利、工程水利、资源水利和环境水利"四个阶段。

（一）原始水利

原始水利是水资源开发的原始阶段，以解决人类生活和生存为主要目的，主要是修堤拦洪、挖渠灌溉，但是拦洪只能拦一小部分洪水，灌溉也只能小范围灌溉。

（二）工程水利

工程水利是水资源开发的初级阶段，其活动集中在修建各类调蓄工程和配套设施方面，以对水资源进行失控调节，实现供水管理。

（三）资源水利

资源水利是水资源开发的中级阶段，主要特征是以宏观经济为基础，通过市场机制和政府行为来合理调度、控制水资源，优化水资源的利用方式，限制水资源的过度需求，提倡节约用水，提高水资源的利用率，以促进经济的持续增长。

（四）环境水利

环境水利既解决与水利工程有关的环境问题，也解决与环境有关的水利问题。在水资源的利用已接近水资源的承载力时，人类对水资源的影响和改造最为活跃，需加强水资源和水环境的保护，以保障社会经济发展的用水需求和水资源的可持续利用。

1979 年 11 月，我国提出从工程水利转变为环境水利、生态水利的战略思想，把水利建设的立足点放到环境水利上，以生态环境的动态评价为准则，促进现代水利科学新发展。

环境工程技术是指人类基于对生态系统的认知，为实现生物多样性保护及可持续发展所采取的以生态为基础，以安全为导向，对生态系统损伤最小的可持续系统工程的总称。

此外，水利工程还包括保护和增进渔业生产的渔业水利工程；围海造田，满足工农业生产或交通运输需要的海涂围垦工程；等等。

第二节 水利工程设计概述

一、水利工程设计的基本知识

为了防治水害，开发、利用水资源，满足人类生活、生产、交通运输、能源供应、环境保护等方面的需要，应因地制宜地修建各种水利设施。现代水利工程具有以下特点：①受自然条件制约，工作条件复杂多变；②施工难度大，对自然和环境的影响也大；③社会经济效益高，与经济系统联系密切；④工程失事后果严重。这就要求水利工程技术人员必须掌握科学技术知识，在工程设计中有高度的责任心，深入实际，多方借鉴，反复比较，全面论证，这样才能圆满地完成设计工作。

（一）水利技术工作

水利工程技术人员的工作按任务侧重点分为：

（1）勘测。对水利工程进行勘察、测量，收集相关水文、气象、地质、经济及社会信息。

（2）规划。根据社会经济发展的现实、规律，以及自然环境，确定除水害兴水利的部署。

（3）工程设计。根据掌握的有关资料，利用科学技术，针对社会与经济领域的具体需求，设计水利工程（水利枢纽及水工建筑物）。

（4）工程施工。结合当地条件和自然环境组织人力、物力，保证按时完成建设任务。

（5）工程管理。为实现各项兴利除害目标，利用现代科学技术，对已建成的水利工程进行调度、运行，并对工程设施进行安全监测、维护及修理、经营等工作。

（6）科技开发。密切追踪科学技术的最新成就，针对水利工程建设中存在的问题，创造和研究新理论、新材料、新工艺、新型结构等，以提高水利工程的科学技术水平。

（二）水利工程设计的特点

水利工程建设是由多环节协作完成的，只有经过勘测、规划、设计、施工、运行管理等阶段的工作，才能最终达到兴利除害的目的。设计是水利工程建设中的一个环节，具有系统性，设计时要用全面的观点看问题，做到统筹安排，使工程建设达到全局最优。

水利工程设计工作的特点：

（1）个性突出。几乎每个工程的水文、地形、地质等自然条件都不相同，设计的工程与已有工程的功能要求即使相同，也不能套用，只能借鉴已建工程的经验，创造性地选择设计方案。

（2）工程规模一般较大，风险也较大。不允许采用在原型上做试验的方法来选择、决定最理想的结构。模型试验、数学模型仿真分析都能起到很好的参考效用，在设计中经验类比是一种重要的决策手段。

（3）重视规程、规范的指导作用。由于设计还没有摆脱经验模式，因此设计工作很重视历史上国内外水工建设的成功经验和失败教训，重视规程、规范的指导作用，以期传播经验，使水工建设少走弯路。

（4）在施工过程中不可能以避让的方式摆脱外界的影响。由于水利工程的施工期一般都较长，是一个逐步建造的过程，水工建筑物经常会在未竣工之前，其已建成的部分已开始承担各项任务，因此设计中必须考虑各个施工阶段的工程状态，使之都能得到满意的安排。

要做好水利工程设计，除了要掌握水工建筑物设计专业知识，还要对建设的全过程有较深入的了解。设计者必须了解勘测工作，结合对水工建筑物形式及枢纽布局的设想，有针对性地提出勘测要求，正确评价勘测信息。同时，设计者要熟知各种可资选用的建筑物，周到地提出可比方案，这样才能成功地做出规划。设计水工建筑物应同时考虑它的施工方法和步骤，用以衡量方案的优劣。为了使工程管理便利、工程运转灵活，在设计中要为调度、运行人员的工作、生活做出周到的安排。

二、水利工程设计阶段划分

目前，中国水利水电建设体制已经基本与国际接轨，并与国家基本建设项目审批程序相协调。水利工程设计划分为项目建议书编制、可行性研究、初步设计、招标设计、施工详图设计等阶段。

（一）项目建议书编制

项目建议书应根据国民经济和社会发展长远规划、流域综合规划、区域综合规划、专业规划，按照国家产业政策和有关投资建设方针进行编制，是对拟进行建设项目的初步说明。项目建议书应按国家现行规定向主管部门申报审批。项目建议书被批准后，由政府向社会公布，若有投资建设意向，应及时组建项目法人筹备机构，按建设程序开展工作。

（二）可行性研究

可行性研究应对项目进行方案比较，对在技术上是否可行和经济上是否合理进行科学的分析和论证。经过批准的可行性研究报告，是项目决策和进行初步设计的依据。

（三）初步设计

初步设计是根据批准的可行性研究报告和必要而准确的设计资料，对工程进行最基本的设计。初步设计包括以下内容：取得更多、更翔实的基本资料，进行更详细的调查、勘测和研究工作；确定拟建项目的综合开发目标；确定拟建工程的等别和主要建筑物的级别、形式、轮廓、尺寸及枢纽布置；确定主要机电设备形式和布置；确定总工程量；确定施工导流方案及主体工程的施工方法、施工总体布置及总进度；提出建筑材料和劳动力的需要量，编制项目的总概算；论证对环境的影响及环境保护，进行经济分析，阐明工程效益等。

（四）招标设计

招标设计是为进行水利工程招标而进行的设计。水利工程项目均应在完成初步设计之后进行招标设计。其设计深度要求做到：可以根据招标设计图较准确地计算出各种建筑材料的规格、品种和数量，混凝土浇筑、土石方填筑和各类开挖、回填的工程量，各类机械、电气和永久设备的安装工程量等。可以将根据招标设计图所确定的各类工程量和技术要求、施工进度计划、工程概算等，作为编制标底的依据。

（五）施工详图设计

施工详图设计是在初步设计和招标设计的基础上，绘制具体施工图的设计。内容包括：对各建筑物（含机电、金属结构）进行结构和细部构造设计；确定地基开挖图，设计地基处理措施；确定施工总体布置及施工方法，编制施工进度计划和施工预算等；提出整个工程分项分步的施工、制造、安装详图。施工详图既是工程现场建筑物施工的依据，也是工程承包或工程结算的依据。

上述各个设计阶段的具体内容和深度，可以根据工程的具体情况进行适当的调整和增减。

三、水利工程设计依据和标准

（一）设计依据

有关部门规定，大中型水利工程建设项目必须纳入国家经济计划，遵守先勘测、再设计、后施工的必要程序。工程设计需要有以下资料或设计依据：

（1）工程建设单位的设计委托书及工程勘察设计合同，说明工程设计的范围、标准和要求。

（2）经国家或行业主管部门批准的设计任务书。

（3）规划部门、国土部门划准的建设用地红线图。

（4）地质部门提供的地质勘察资料，对工程建设地区的地质构造、岩土介质的物理力学特性等的描述与说明。

（5）其他自然条件资料，如工程所在地的水文、气象条件和地理条件等。

（6）工程建设单位提供的有关使用要求和生产工艺等资料。

（7）国家或行业的有关设计规范和标准。

（二）设计标准

要想将工程的安全可靠性与造价的经济合理性有机地统一起来，就要对水利枢纽及其组成建筑物分等、分级，即按工程的规模、效益及其在国民经济中的重要性，将水利枢纽分等，而后将枢纽中的建筑物按其作用和重要性进行分级。设计水工建筑物均需根据规范规定，按建筑物的重要性、级别、结构类型、运用条件等，采用一定的洪水标准，保证遇到设计标准以内的洪水时建筑物的安全性。

对于综合利用的工程，如果按规范规定的指标分属几个不同等别时，整个枢纽的等别就以其中的最高等别为准。确定水工建筑物级别时，如果该建筑物同时具有几种用途，就按最高级别考虑，仅有一种用途时则按该项用途所属级别考虑。

对于二至五等工程，在下述情况下经过论证可考虑提高其主要建筑物级别：一是水库大坝高度较高时提高一级；二是建筑物的工程地质条件特别复杂，或采用缺少实践经验的新坝型、新结构时提高一级；三是综合利用工程如果按库容和不同用途的分等指标有两项接近同一等别的上限时，其共用的主要建筑物提高一级；对于临时性水工建筑物，如果其失事后对下游城镇、工矿区或其他国民经济部门造成严重灾害或严重影响工程施工时，则应视其重要性或影响程度，提高一级或两级。

对于低水头工程或失事损失不大的工程，其水工建筑物级别经论证可适当降低。

第三节　水利工程设计中的渠道设计

在水利工程运行中，加强渠道的设计是必不可少的，这是保证水利工程高效运行的基础，已经成为水利工程企业内部普遍重视的话题。本节主要针对水利工程设计中的渠道设计展开深入研究，旨在为相关研究人员提供一些理论性依据。

目前，加强渠道设计，是水利工程设计工作的重中之重，在现代基础水利设施中占据着举足轻重的地位，已经成为水利工程设计顺利进行的重要保障。在水利工程设计的渠道设计方面，必须制定切实可行的优化措施，对渠道加以正确设计，不断提高水资源利用效率，将水利渠道工程的设计工作落实到位，延长水利渠道的使用寿命，确保水利工程具有较高的实用性和安全性。

一、水利工程设计中渠道设计应遵循的原则

在水利渠道设计过程中，设计人员要结合当地实际情况，对各种影响因素进行深入分析，并根据现行的渠道工程施工技术情况进行设计，制订出最为配套、可行的设计方案，同时要与当地农业生产实际情况相匹配，确保水利工程施工水平的稳步提升。在设计过程中，要做到：

（1）重点考虑增加单位水量。这对于水资源的节约是极为有利的。在渠道设计过程中，要树立高度的节能环保意识，将单位水量灌溉面积增加到合理限度内，与相应的灌溉需求相契合，为水利工程经济效益的提升创造有利条件。

（2）结合当地实际情况。设计人员在设计之前，要对当地水资源分布情况进行充分了解，重点考察当地的地形和农田分布等，合理利用水资源，确保水利工程渠道设计的科学性。

（3）高度重视曲线平顺这一问题。设计人员在设计时，要结合当地水文条件，尽可能使渠道设计形状满足曲线平顺的要求，确保水流的顺利通过；当条件不允许时，设计人员要对相应的渠道路线进行更改，以保证渠道中水流的顺畅性。

二、水利工程设计中渠道设计的内容分析

在渠道设计中，要对灌溉渠的多种影响因素进行分析，比如渠道施工的内在因素和自然因素等。其中，地质土质、水文等是外在自然因素的重要组成部分，而渠道水渗透的重要影响因素之一就在于地质土质，气候因素对渠道的修建规模产生重要影响。输水是渠道的重要功能之一，在防水处理不到位的情况下，要高度重视"存水"。在渠道设计过程中，渠道大小和形状等是渠道外形设计的重要考虑因素，不同设计的优势是不同的，比如矩形具有占地面积小、存水量大等优势，对延长渠道使用寿命极为有利。

与此同时，防水层的处理是水渠施工不容忽视的内容之一。对于一些小型渠道来说，直接开挖是主要的处理方式，这在一定程度上加剧了渗水问题的出现，所以要多采用防水材料，并在渠道上面添加一些黏土或沙土，以提高防水效果。此外，灌溉渠道在修建的过程中，要与水利设施相配套、协调，避免发生水流失现象，防止渗水面积扩大。

三、水利工程设计中渠道设计的优化措施

（一）正确选择渠道设计材料

在渠道设计过程中，材料的选择与渠道设计水平之间是紧密相连、密不可分的，两者之间具有一定的决定关系，所以在材料选择上，要坚持质优价廉的原则，保证渠道良好的使用性能。同时，季节因素也是选择材料时不容忽视的一个方面，要想把渠道材料的影响降至最低，就要优先选择抗老化的材料。

此外，热胀冷缩会影响材料的正常使用，要想避免这一现象的发生，就要尽可能地选择安装便捷、接缝少的材料。

（二）确保跌水结构设计的科学性

跌水结构在水利渠道设计上的地位不可估量，在处理水流落差方面发挥着极大的作用，在水利渠道设计中，要遵循落差小、跌级多的原则。水利渠道跌水要按照水利工程的规模来布设，规模较小的工程可适当减少跌水的设置，并且要在地形和渠道材料允许的范围内进行；而规模较大的工程在布设跌水结构时，要充分考虑地形这一因素。

同时，在设置跌水位置时，要准确设计，对不同层级之间的跌水位置进行精确测量，避免出现水资源流失的现象。要加强多层级设计的应用，将跌水结构的落差降至最低。

（三）合理设计水利渠道比降

在水利渠道设计的重要参数中，渠道比降同样不容忽视，要控制土渠道的渠道比降，适当扩大混凝土初砌渠道的渠道比降。渠底比降与跌水之间的关系也是极为紧密的，在渠底比降较大的情况下，跌水个数并不是特别明显。在水利渠道比降设计过程中，要对水利渠道的原始渠道比降进行深入分析，及时采取有效措施，避免遭受经济损失。所以，要树立长远目标，将其渗透到渠道比降设计中，确保水利渠道工程经济效益的稳步提升。

（四）做好流量设计和断面设计

1.流量设计

在灌溉渠道的水流量计算中，流量设计的作用不容忽视，要想确保整个灌溉渠道设计的有效性与准确性，就要确保流量设计的准确性。受诸多方面的影响，设计方案也要进行相应的调整与修改。在灌溉渠道设计中，要充分考虑初期设计的灌溉水渠的流量，密切关注当地地理位置和周边环境，将灌溉渠道的流量增加到合理范围内，并增强灌溉渠道的稳定性，做到"一举两得"。

2.断面设计

在渠道工程设计中，断面设计也是极其重要的内容，在断面设计过程中，要重点围绕渠道工程设计流量。在横断面的设计中，要高度重视渠道流量和过水断面面积之间的比例关系，并对渠道的纵坡高度进行深入分析，确保渠道断面设计的科学性与安全性。同时，渠道设计人员要高度重视断面设计，在有效时间内完成工程建设任务，为渠道工程建设质量的提升创造条件。

综上所述，在水利工程设计中，渠道设计工作是至关重要的，可以保障水利工程的高效运转。设计人员要结合当地的灌溉实际开展相应的渠道设计工作，选择合适的材料，做好渠道的跌水设计。同时，设计人员在设计过程中，一旦发现问题，就要及时采取措施加以解决，确保水利渠道工程建设的顺利进行，为人们的生产、生活提供便利。

第二章 水利工程规划与设计

第一节 防洪工程规划与设计

一、防洪规划发展

（一）防洪与防洪规划

20 世纪 60 年代以后，世界各地先后出现不同规模的洪涝灾害，各国都依据本国的实际情况主动开展了防洪规划的编制工作，并取得显著成果。而且随着人类社会经济的发展和科技水平的提高，防洪规划工作的技术水平也日益提高，诸多学者将工程水文学应用于水文分析、洪水分析，将水力学、水工结构学、河流动力学、泥沙运动学等专门技术应用于河道开发治理，把工程经济学应用于多种规划方案的经济评价与比较分析，并逐步形成了包含调查方法、计算技术、规划方案论证等较完整的近代水利规划的理论体系，为以可持续发展为中心的规划提供了标准和评价方法。

目前，制定的防洪规划大多是大江大河的流域防洪规划或者城市防洪规划，对于中小河流区域的防洪规划研究较少，故而有必要对区域防洪规划进行深入探讨，确保中小河流及其周边地带的防洪安全。世界各国对防洪安全已形成共识，只是由于社会发展状况及经济基础水平的不同，具体措施的制定与施行方式并不相同。研究各国防洪现状和经验、防洪管理水平的发展、遭遇的问题及发展趋势，对制定区域防洪规划极具现实意义。

（二）城市防洪规划研究

城市作为区域的政治、经济、文化中心，必须合理制定防洪规划，确保城市安全。随着社会的发展，生产力水平的提高，我国城市飞快发展，发展水平也越来越高，这导致城市人口密集，财富集中。同时，城市还是一个地区的政治、经济、文化中心及交通枢纽。若洪水危害到城市，其所造成的经济损失就会远远超过非城镇地区，因此城市防洪一直是防洪的重点。

以下两方面加重了我国的城市洪水灾害：一是城市洪水灾害的承受体急剧增加，洪灾损失严重；二是城市化发展过快，导致城市内涝加重。其中，城市化发展过快是导致我国城市洪灾加剧的最主要因素。城市"热岛效应"影响降水条件，导致局部暴雨的出现频率增加。城市化改变了土地利用方式和规模，改变了流域下垫面条件，增加了不透水面积，减少了土壤水和地下水的补给，导致地表径流量加大。同时，城市中管网密布，雨水汇集时间缩短，洪峰流量提高，雨洪径流总量增加。

因此，随着我国城市的发展，城市防洪成为我国防洪的重点。早在 1981年，国务院就提出了城市防洪除了每年汛期要做好防汛工作，还要从长远考虑，结合江河规划和城市总体建设，做好城市防洪规划、防洪建设、河道清障以及日常管理工作。1987 年以后，我国陆续确定北京、长春、上海、济南、武汉等31 座城市为全国重点防洪城市。然而，我国城市防洪依旧存在着一系列问题，如城市防洪标准低，防洪工程不配套，防洪技术水平低，防洪管理落后等。

二、防洪规划

（一）防洪规划概述

1.规划的主要内容

防洪规划的主要内容包括以下几个方面：在调查研究的基础上，确定防洪保护对象、治理目标、防洪标准及防洪任务；确定防洪体系的综合布局，包括设计洪水与超标洪水的总体安排及其相对应的防洪措施，划定洪泛区、蓄滞洪区和防洪保护区，规定其使用原则；对已拟定的工程措施进行方案比选，初步选择合适的工程设计特征值；拟定分期实施方案，估算施工所需投资；对环境影响和防洪效益进行评价；编制规划报告；等等。

2.规划的目标和原则

防洪规划的目标是根据所在河流的洪水特性、历史洪水灾害，规划范围内国民经济有关部门及社会各方面对防洪的要求，以及国家或地区政治、经济、技术等条件，考虑需要与可能，研究制定保护对象在规划水平年应达到的防洪标准和防治毁灭性灾害的应急措施。

防洪规划的制定应遵循"确保重点，兼顾一般""局部与整体、需要与可能、近期与远景、工程措施与非工程措施、防洪与水资源综合利用相结合"的原则。在研究制定具体方案的过程中，要充分考虑洪涝规律和上下游、左右岸的要求，处理好蓄与泄、一般与特殊的关系，并注意国土规划与土地利用规划相协调。

3.规划的标准

防洪标准是各种防洪保护对象或水利工程本身要求达到的防御洪水的标准，即保护对象不受洪水损害的最大限度所能抵御的洪水标准。其中，保护对象是指容易受到洪水的危害，进而有必要实施一定的措施，确保其安全的对象。

在制订防洪标准时，要依照防洪的要求，结合社会、经济、政治情况，综合论证加以确定。在条件允许时，可采取将不同防洪标准所能降低的洪灾经济损失与防洪所需的费用进行对比的方法，合理确定防洪标准。

防洪标准取决于保护对象的规模、重要性、洪灾的严重性，以及洪灾对国民经济的影响程度。影响防洪标准的制定的因素还包括实测的水文、气象资料，工程的规模等级，防洪保护区的经济发展状况，等等。

（二）区域防洪规划

区域防洪规划是防洪规划的一种类型，区域防洪规划应以流域防洪规划为指导，并与之相协调，同时区域防洪规划还应服从区域整体规划。区域整体规划是指在一定地区范围内对整个国民经济建设进行的总体战略部署。

作为一个可以独立施展功能的总体，区域自身具有完整的结构。然而，以区域为研究对象的防洪规划，其规划区域未必是一个完整的流域，可能只是某个流域的一部分，甚至是由多个流域的部分组成的，这是区域防洪规划与流域防洪规划最大的不同。

区域防洪规划自身具有独特性。在制订区域防洪规划时，可以根据区域的自然地理情况，将规划区域划分成多个小区域，并对这些小区域分别进行防洪规划。例如，可以根据区域的地理条件将该区域分为山丘区、平原区，并对它们进行规划，也可以根据区域中河流的数量将其划分为小流域，并分别进行规划。

（三）城市防洪规划

城市是区域的中心，人口密集，经济发达，一旦发生洪水便会造成巨大的损失，因而在区域防洪规划中，城市的防洪规划尤为重要。城市防洪规划以流域规划和城市整体规划为指导，根据城市所在地区的洪水特性，兼顾当地的自然地理条件、城市发展需要和社会经济状况，全面规划、综合治理、统筹兼顾。

主要任务：结合当地的自然地理条件、洪水特性、洪灾成因和现有防洪设施，从实际出发，建立必要的水利设施，提高城市的防洪管理能力和防洪水平，确保城市的正常运营；当出现超标洪水时，有积极的应对方案，可以保证社会的稳定，保护人民的生命、财产安全，把损失降到最低。

城市防洪规划是城市防洪安全的基础，与城市的发展息息相关。因此，城市防洪规划既要提高城市防洪的能力，为可持续发展提供防洪保障，又要与城市水环境密切结合，营造人水和谐共处的环境氛围。

1.城市防洪规划的原则

城市防洪规划应遵循的原则如下：①必须与流域防洪总体规划和区域整体规划相协调，根据当地洪水特征及影响，结合城市自然地理条件、社会经济状况和城市发展需要，全面规划，综合治理，统筹兼顾，讲究效益。②工程措施与非工程措施相结合。工程措施主要为水库、堤防、防洪闸等，非工程措施一般包括洪水预报、防洪保险、防汛抢险、洪泛区管理、居民应急撤离计划等，应根据不同洪水类型（如暴雨洪水、风暴潮、山洪、泥石流等）制定防洪措施，构建防洪体系。重要城市应制定应对超标洪水的对策，以降低洪灾损失。③城市防洪是流域防洪的重要组成部分。城市防洪总体规划的设计，特别是堤防的布置，必须与江河上下游和左右岸流域防洪设施相协调，处理好城乡接合部不同防洪标准堤防的衔接问题。④城市防洪规划是城市总体规划的一部分。防洪工程建设应与城市基础设施、公用工程建设密切配合。各项防洪设施在保证防洪安全的前提下，结合工程使用单位和有关部门的需求，充分发挥多功能作用，提高投资效益。⑤城市内河及左右岸的土地利用，必须服从防洪规划的要求。涉及城市防洪安全的各项工程建设，如道路、桥梁、港口等，其防洪标准不得低于城市的防洪标准；否则，应采取必要的措施，以满足防洪安全要求。⑥注意节约用地。防洪设施选型应因地制宜，就地取材，降低工程造价。⑦应注意保护自然生态环境的平衡。由于城市天然湖泊、洼地、水塘是水环境的一部分，可以保护及美化城市，因此应对其加以保护。保护自然生态环境可以达到调节城市气候、洪水径流，降低洪灾损失的目的。

2.城市防洪排涝现状

城市是地区政治、经济、文化中心，其安全直接关系着国计民生，因此无论是国家防洪战略还是区域防洪规划都将城市防洪视为重点。然而，城市化发展引发城市水文特性的变化，导致洪峰流量和洪水总量增加，使现有防洪工程承担了巨大的压力；同时，随着城市暴雨径流的增加，现有的排水设施难以满足城市排水的要求，导致近年来诸多城市发生严重内涝，影响人们的生活及社会安定。

3.城市防洪排涝存在的问题

（1）城市防洪标准低

城市防洪标准是整个城市防洪体系应当具备的抵抗洪水的综合能力。城市防洪标准的制定直接关系着城市的安全，因此部分发达国家的城市防洪标准制定得相对较高，如日本常采用的标准能达到 100～200 年一遇的水平。然而，目前我国防洪标准达到国家规定标准的城市为我国现有城市的 28%，其中，防洪标准在 100 年一遇以上的城市仅为 3%，其余城市现行的防洪标准均低于规定的防洪标准。

（2）城市内涝问题突出

在发展过程中，为了抵御外江洪水的入侵，一些城市在周围修葺了大量堤防，却忽略了对城区排水设施的建设，导致不少城市的排水标准过低，排水设施老化，排水能力严重不足。城市发展引发的"热岛效应"与"雨岛效应"，导致城市地区暴雨发生的概率增加，排水系统的不完善导致城市内涝日益严重。城市治涝规划是为了排除城市内涝，保障城市安全，主要包括治涝标准分析、治涝区划分、排水管网规划、排涝河道治理。排水管网规划一般由城建部门承担，其他三方面由水利部门承担。在我国，排水管网系统在设计时所选用的重现期一般为 1～3 年，重要地区所采用的重现期为 3～5 年。城市排水标准远远低于城市防洪标准，这也是遇到较大强度的降雨时，城市内部积水不能及时排出的原因之一。

（3）规划滞后

目前，我国城市防洪规划严重落后，许多城市缺乏完整的防洪规划。部分城市在制订防洪规划时不顾及流域防洪整体规划，随意改变防洪标准，加大了下游城市的防洪压力，影响了整个流域的防洪规划。同时，我国许多城市的部分防洪工程建设时间较早，建筑物已使用多年并发生老化现象，导致现有的防洪工程基础较差；同时对防洪建筑物缺乏日常维护与管理，重点工程带病作业，容易出现各种险情。

（4）防洪治涝技术和管理水平低

要想构建完整的防洪体系，先进的技术和有效的管理手段必不可少，如洪水预报、预警系统、"3S"技术（遥感、卫星定位、地理信息系统）对于及时了解水情和灾情，指挥抗洪抢险，减少城市洪涝灾害损失具有重要作用。目前，这些技术在我国还处于起步阶段，防洪治涝技术发展和洪水应对机制的建设与管理还比较薄弱，这在一定程度上阻碍了城市防洪减灾建设的发展。

三、设计洪水

（一）洪水设计标准

由于洪水是随机事件，即使是同一地区，每次发生的洪水也有一定差别，因此需要为工程设计规划制定一个合理的防洪设计标准。防洪设计标准是指担任防洪任务的水工建筑物应具备的防御洪水的能力，一般可用相应的重现期或频率来表示，如 50 年一遇、100 年一遇等。我国目前常用的设计标准为以下两种形式：①正常运用洪水，也称频率洪水，常用洪水的重现期（频率）来表示，是诸多水利工程进行防洪安全设计时所选用的洪水；②非常运用洪水，即最大可能洪水，使用具有严格限制，通常在水利工程失事、对下游造成非常严重的灾难时使用，其往往作为一级建筑物非常运用时期的洪水标准。

防洪标准是水利工程规划设计的依据，如果洪水标准设得过高，就会使工程规模与投资运行费用过高，但可能会使项目比较安全，防洪效益大；相反，如果洪水标准设得太低，就会使风险增加，防洪效益减小，但也能使项目的规模与投资运行成本降低。相关部门应根据设计原则，通过最经济合理的手段，确保设计项目的安全性、适用性和耐久性，满足防洪需求。因此，采用多大的洪水作为设计依据，关系着工程造价与防洪效益，最合理的方法是在分析水工建筑物防洪安全风险、防洪效益、失事后果及工程投资等关系的基础上，综合分析经济效益，考虑因发生事故而造成的人员伤亡、社会影响及环境影响等因素。

（二）设计洪水的计算方法

进行设计洪水计算之前，先确定要建设的水利工程的等级，然后确定主要建筑物和次要建筑物的级别，再根据规范确定与之相对应的设计标准，进行设计洪水计算。所谓设计洪水的计算，就是根据水工建筑物的设计标准推求出与之同频率（或重现期）的洪水。工程所在地的自然地理情况、掌握的实际资料、工程自身的特征及设计需求不同，计算的侧重点也不相同。对于堤防、桥梁、涵洞、灌溉渠道等无调蓄能力的工程，只需考虑设计频率的洪峰流量的计算；对于蓄滞洪区工程，则需要重点考虑设计标准下各时段的洪水总量；而对于水库等蓄水工程，洪水的峰、量、过程都很重要，故需要分别计算出设计频率洪水的三要素。

目前，常用的计算设计洪水的方法，根据工程设计要求和具体资料，大体可分为以下几种：

①由流量资料推求设计洪水。该方法通常采用洪水频率计算，根据工程所在位置或上下游的流量资料推求设计洪水。通过对资料进行审查、选样、插补延长与特大洪水处理后，选取合适的频率曲线线型，例如 P-III 型曲线，对曲线的参数进行合理估算，推求设计洪峰流量，对于洪水过程线的推测，常用的办法是选择典型洪水过程线，然后放大，放大方法有同倍比放大法和同频率放大法。

②由暴雨资料推求设计洪水。该方法是一种间接推求设计洪水的方法，主要应用于工程所在地流量资料不足或人为因素破坏了实测流量系列的一致性的地区，根据工程所在地或邻近相似地区的暴雨资料以及多次可供流域产汇流分析计算用的降水、径流对应观测资料来推求设计洪水。该方法称为数理统计法，也称为频率分析法。

③最大可能洪水的推求。一些重要的水利水电工程常采用最大可能洪水（即校核洪水）作为非常运用下的设计洪水。通过用最大可能暴雨推求最大可能洪水，计算方法与利用一定频率的设计暴雨推求设计洪水基本相同，即通过流域的产汇流计算最大可能净雨过程，然后进行产汇流计算，推求出最大可能洪水。

第二节　农田水利工程规划与设计

一、农田水利工程概述

（一）农田水利工程的概念

水利工程按其服务对象可以分为防洪工程，农田水利工程（灌溉工程），水力发电工程，航运及城市供水、排水工程。农田水利工程是水利工程的类别之一，其基本任务是通过各种工程技术措施，调节和改变农田水分状况及其有关的地区水利条件，以促进农业发展。农田水利工程在国外一般称为灌溉和排水工程。

农田水利工程的主要作用是河道整治，塘坝水库及圩垸建设，低产田水利土壤改良，农田水土保持、土地整治，以及农牧供水，等等。其主要是发展灌溉排水，调节地区水情，改善农田水分状况，防治旱、涝、盐、碱灾害，促进农业稳产、高产。笔者所研究的农田水利工程主要是指灌溉系统、排水系统特征丰富的灌溉工程（灌区）。

（二）农田水利工程的构成

按照农田水利工程的功能和属性，可将其分为灌溉水源与取水枢纽、灌溉系统、排水系统三个部分。

1.灌溉水源与取水枢纽

灌溉水源是指天然水资源中可用于灌溉的水体，有地表水、地下水和处理后的城市污水及工业废水。

取水枢纽是根据田间作物生长的需要，将水引入渠道的工程设施。灌溉水源的类型不同，相对应的灌溉取水方式也有所不同。例如，地下水资源相对丰富的地区，可以进行打井灌溉；从河流、湖泊等流域水源引水灌溉时，依据水源条件和灌区所处的位置，可分为引水灌溉、蓄水灌溉、提水灌溉和蓄引提结合灌溉。

2.灌溉系统

灌溉系统是指从水源取水，通过渠道及其附属建筑物向农田供水，经由田间工程进行农田灌水的工程系统。完整的灌溉系统包括渠道取水建筑物、各级输配水工程和田间工程等，灌溉系统的主要作用是用灌溉手段，适时、适量地补充农田水分，促进农业增产。

3.排水系统

大部分地区既有灌溉任务也有排水要求，在修建灌溉系统的同时，必须修建相应的排水系统。排水系统一般由田间排水系统、骨干排水系统、排水泄洪区以及排水系统建筑物组成，常与灌溉系统统一规划布置，相互配合，共同调节农田水分状况。农田中过多的水通过田间排水工程排入骨干排水沟道，最后排入排水泄洪区。

（三）农田水利工程的特征与发展趋势

1.农田水利工程的特征

农田水利工程需要修建坝、水闸、进水口、堤、渡槽、溢洪道、筏道、渠道、鱼道等不同类型的专门性水工建筑物，以实现各项农田水利工程目标。

农田水利工程与其他工程相比具有以下特点：①农田水利工程工作环境复杂。在建设农田水利工程的过程中，各种水工建筑物的施工和运行通常都是在不确定的地质、水文、气象等自然条件下进行的，它们又常受水的推力、冲刷力、浮力等的作用，这就导致其工作环境较其他建筑物更为复杂，常对施工地的技术要求较高。②农田水利工程具有很强的综合性和系统性。单项农田水利工程是所在地区、流域内水利工程的有机组成部分，这些农田水利工程是相互联系的，它们相辅相成、相互制约；某一单项农田水利工程自身通常具有综合性特征，各服务目标之间既相互联系，又有矛盾的地方。农田水利工程的发展通常影响国民经济相关部门的发展。因此，对农田水利工程的规划与设计必须从全局统筹思考，只有进行综合的、系统的分析研究，才能制订出合理的、经济的优化方案。③农田水利工程对环境影响很大。农田水利工程活动会影响所在地的经济、政治，也会在一定程度上影响湖泊、河流以及相关地区的生态环境、古物遗迹、自然景观甚至区域气候。这种影响有积极与消极之分。因此，在规划、设计农田水利工程时，必须对其影响进行调查、研究、评估，尽量发挥农田水利工程的积极作用，增加景观的多样性，把其消极影响（如对自然景观的损害）降到最低。

2.农田水利工程的发展趋势——景观化

随着农村经济社会的发展，农田水利工程也从原来以单一农田灌溉排水为主要任务，逐渐转型为同时满足农业生产、农民生活和农村生态环境等涉水服务需要的广泛领域。各项农田水利工程设施在满足防洪、排涝、灌溉等传统农田水利功能的前提下，也应充分融合景观生态、美学及其他功能，这也成为广大农田水利工作者更新、更迫切的愿望。新阶段的农田水利规划与设计要着力贯彻落实国家新阶段的治水方针，适应农村经济的发展与社会主义新农村的建设要求，紧紧围绕适应农村经济发展的防洪除涝减灾、水资源合理开发、人水和谐相处的管理服务体系，开展有前瞻性的规划，将以人为本、人水和谐的水利措施与农业、林业及环境措施相结合，因地制宜，采取蓄、排、截等综合治理方式，进行农田水利与农村人居环境的综合整治。

（1）水利是前提，是基础

农田水利工程的基本任务是通过各种工程技术措施，调节和改变农田水分状况及有关的地区水利条件，促进农业发展。农业是国民经济的基础，搞好农业关系到我国社会主义经济建设的高质量发展，只有农业得到了发展，国民经济的其他方面才具备最基本的发展条件。

（2）景观是主题，是提升

水利是景观化的水利，是融进自然景观里的水利。农田水利工程要合理布置各类水工建筑设施，在保证农田灌溉排涝体系安全的同时具有景观的一些作用。传统的农田水工建筑物外观形式固定，给人以粗笨呆板的视觉效果，在以后的规划、设计过程中，应将农田水工建筑物的工程景观、文化底蕴与周围的自然环境相融合，在保证农田水工建筑物功能的基础上赋予其全新的形象。

农田水利作用的对象是水体，其作用就是对水进行引导、输送，从而进行农业灌溉。农田水利与水的关系紧密，我国农田水利事业在发展的过程中孕育了丰富的水文化。

二、农田水利规划基础理论概述

（一）土地供给理论

土地供给是指地球能够提供给人类社会利用的各类生产和生活用地的数量，通常可将土地供给分为自然供给和经济供给两类。土地的自然供给是地球为人类提供的所有土地资源数量的总和，是经济供给的基础，土地经济供给只能在自然供给范围内活动。土地供给的方式不同，影响土地供给的因素也不同。土地经济供给是指在土地自然供给的基础上，投入劳动进行开发后，成为人类可直接用于生产、生活的土地供给。影响土地经济供给的基本因素有自然供给量、土地利用方式、土地利用的集约化程度、社会经济发展需求变化以及工业与科技的发展等。

我国土地储备形式分为增量土地和存量土地。其中，增量土地供给属于自然供给，主要方式是将农业用地转为非农业用地。存量土地是城市内部没有开发的土地、老城区、企事业单位低效率利用的闲置土地等，存量土地供给属于经济供给。目前，我国较常使用的城市土地供给途径为增量土地供给，这种途径一般需要通过出让土地的使用权或者租赁进入市场的土地。存量土地供给主要通过提高城市土地有效利用率来提高城市的土地供给量。将城市中不合理的土地利用方式转化成合理的土地利用方式，对解决城市土地供需矛盾有很大的推动作用。依据我国人多地少的基本国情，使用土地时必须严格遵守土地管理制度，严格控制城市土地的增加。

（二）生态水工学理论

生态水工学是在水工学基础上吸收、融合生态学理论而建立、发展起来的一门新型的工程学科。生态水工学运用工程、生物、管理等综合措施，以流域生态环境为基础，合理利用和保护水资源，在确保可持续发展的同时注重经济效益，最大限度地满足人们的生产和生活需要。生态水利是建立在较完善的工程体系基础上，以新的科学技术为动力，运用现代生物、水利、环保、农业、林业、材料等综合技术手段发展水利的方法。生态水工学的基本内容是以工程力学与生态学为基础，以满足人们对水的开发利用为目标，同时兼顾水体本身的需求，运用技术手段协调人们在防洪效益、供水效益、发电效益、航运效益与生态系统建设之间的关系。

生态水工学的指导思想是实现人与自然和谐共处。在生态水工学指导下建设的水利工程既能够实现人们对水功能价值的开发利用，又能兼顾建设一个健全的河流、湖泊生态系统，实现水的可持续利用。

生态水工学原理为农田水利结合生态理论的规划提供了理论框架：①在现有的水工学基础上，结合水文学、水力学、结构力学、岩土力学等工程力学，融合生态学理论，在满足人们对水的开发利用需求的同时，兼顾水体本身的需求。②将河沟塘看作组成生态系统的一部分，在规划中不仅要考虑水文循环、水利功能，还要考虑生物与水体的特殊依存关系。③在河道、沟塘整治规划中充分利用当地生物物种，同时慎重地引进可以提高水体自净能力的其他物种。④为达到通过水利工程设施营造一种人与自然亲近的环境氛围的目的，城市景观设计要注意在对江河湖泊进行开发的同时，尽可能保留江河湖泊的自然形态（包括其纵横断面），保留或恢复其多样性，即保留或恢复湿地、河湾、急流和浅滩。⑤在水利规划中考虑提供相应的技术方法和工程材料，为当地野生的水生与陆生植物、鱼类与鸟类等动物的繁衍提供便利条件。

（三）土地集约利用

土地集约利用是指以布局合理、结构优化和可持续发展为前提，通过增加存量土地的投入，改善土地的经营和管理，使土地利用的综合效益和效率不断提高。在土地集约利用的相关研究中，国内外不同学者对这一概念给出了不同的解释。美国著名土地经济学家伊利（Richard T. Ely）在论述土地集约利用时指出，土地集约利用是指对现在已利用的土地增加劳力和资本。肖梦在其所著的《城市微观宏观经济学》一书中提到，城市土地立体空间的多维利用，就是利用土地的地面、上空和地下进行各种建设。马克伟在《土地大词典》中指出，土地集约经营是土地粗放经营的对称，是指在科学技术进步的基础上，在单位面积土地上集中投放物化劳动和活劳动，以提高单位土地面积产品产量和负荷能力的经营方式。总结前人的理论研究成果并结合现代土地利用情况，笔者认为，土地集约利用不能单纯地提高土地利用强度，还应当在提高城镇土地经济效益的同时，提高城镇的环境效益和社会效益，不能顾此失彼。

在可持续理论提出后，土地集约利用理论增加了可持续发展的概念。可持续发展理论成为土地集约利用理论的指导思想，人们在利用土地满足生产和生活需要，创造更多财富的同时，也开始兼顾环境的改善及生态的平衡。土地集约利用包括土壤改良、土地平整、水利设施完善等方面。土地集约利用措施一方面可以提高土地的使用效率，减缓城市向外扩张的速度，从而节约宝贵的土地资源，尤其是耕地资源；另一方面有利于土地的可持续利用，并能对土地的开发利用进行合理配置。

土地集约利用一般为在一定面积的土地上投入较多的生产资料和劳动，进行精耕细作，用提高单位面积产量的方法来增加产品总量，提高经济效益。在同一种用途的建设用地中，集约化程度是比较容易判断的。因此，应尽量结合实际，选择具有高度集约化水平的用地方式。

土地利用的集约化程度一般应与一定生产力水平和科学技术水平相适应，随着科学技术水平的提高，低集约化的土地利用必然向集约化程度高的方向发展。同时也可以说，在低集约化的土地利用状况下，高集约化土地利用具有巨大的潜力。目前，在我国农村居民点，这种潜力是巨大的，为村镇内涵式发展提供了较为丰富的后备土地资源。

（四）可持续发展理论

"可持续发展"的概念最早在 1972 年斯德哥尔摩举行的联合国人类环境研讨会上被正式讨论。1989 年 5 月，联合国环境规划署理事会通过了《关于可持续发展的声明》，该声明指出，可持续发展是指满足当前需要而又不削弱子孙后代满足其需要之能力的发展，而且绝不包含侵害国家主权的含义。可持续发展研究涉及人口、资源、环境、生产、技术、体制等方面，是指既满足现代人的发展需要，又不危害后代人自身需求能力的发展，在实现经济发展目标的同时也实现人类赖以生存的自然资源与环境资源的和谐永续发展，使子孙后代能够安居乐业。可持续发展并不简单地等同于环境保护，而是从更高、更远的视角来解决环境与发展的问题，强调各社会经济因素与环境之间的联系与协调，寻求的是人口、经济、环境各要素之间相互协调的发展。

可持续发展理论涉及领域较多，在生态环境、经济、社会、资源等领域有较多的研究。此处主要介绍可持续发展在农业水利与农业生态方面的研究。

农业水利的可持续发展是我国经济社会可持续发展的重要组成部分。可持续发展理论对农业具有长远的指导意义，农业水利的可持续发展遵循持续性、共同性、公正性原则。农业水利的可持续发展包括两个方面：①农业水利要有发展。随着人口的增加，人类需求也不断增加，农业只有发展，才能不断地创造出财富和价值，满足人类的需求。②农业水利发展要有可持续性。农业水利的发展不仅要考虑现代人的需求，还要考虑后代人的生存发展，水利建设不仅关系着经济和社会的发展，还影响着生态、环境、资源的发展。

生态领域的可持续发展研究是以生态平衡、自然保护、资源环境的永续利用等为基本内容的。在村庄农田规划建设中，河流、耕地、塘堰等作为景观格局的构成部分，与村庄的可持续发展联系紧密。西姆·范·德·莱恩（Sim Van der Ryn）提出，任何与生态过程相协调，尽量使其对环境的破坏影响达到最小的设计形式都称为生态设计。生态设计要尊重物种多样性，减少对资源的剥夺，保持营养和水循环，维持植物生存环境和动物栖息地的质量，以改善人居环境及生态系统为目的。

三、田间灌排渠道设计

（一）平原地区

1.田间灌排渠道的组合形式

（1）灌排渠道相邻布置

该种组合形式又称"单非式""梳式"，适用于漫坡平原地区。这种布置形式仅保证从一面灌水，排水沟仅承受一面排水。

（2）灌排渠道相间布置

该种组合形式又称"双非式""算式"，适用于地形起伏交错的地区。这种布置形式可以从灌溉渠两面引水灌溉，排水沟可以承受来自两旁农田的排水。设计时，应根据当地具体情况（地形、劳力、运输工具等），选择合适的灌排渠道组合形式。

在不同地区，田间灌排渠道所承担的任务有所不同，这也影响到灌排渠道的设计。在一般易涝易旱地区，田间灌溉渠道通常有灌溉和防涝双重任务。灌溉渠系可以是独立的两套系统，在有条件的地区（非盐碱化地区）也可以相互结合，成为一套系统（或部分结合，即农、毛渠道为灌排两用，斗渠以上渠道灌排分开），灌排两用渠道可以节省土地。调查发现，灌排两用渠系比单独修筑灌排渠系可以节省土地约 0.5%，但增加一定水量损失是它的不足之处。

在易涝易旱盐碱化地区，田间渠道除灌溉、排涝以外，还有降低地下水位、防治土壤盐碱化的任务。在这些地区，灌溉排水系统应分开修筑。

2.毛渠的布置形式和规格尺寸

（1）毛渠的布置形式

第一，纵向布置（或称平行布置）。由毛渠从农渠引水，通过与毛渠相垂直的输水沟，把水输送到灌水沟或畦，这样毛渠的方向与灌水方向相同。这种布置形式适用于较宽的灌水地段，机械作业方向可与毛渠方向一致。

第二，横向布置（或称垂直布置）。灌水直接由毛渠输给灌水沟或畦，毛渠方向与灌水方向相垂直，也就是同机械作业方向相垂直。因此，毛渠应具有允许拖拉机越过的断面，其流量一般不宜超过 20～40 L/s。这种布置形式一般适用于较窄的灌水地段。

根据流水地段的微地形，以上两种布置形式又各有两种布置方法，即沿最大坡降和沿最小坡降布置，设计时应根据具体情况选用。

（2）毛渠的规格尺寸

第一，毛渠间距。采用横向布置并为单向控制时，毛渠的间距等于灌水沟或畦的长度，一般为 50～120 m；双向控制时，间距为单向控制的两倍。采用纵向布置并为单向控制时，毛渠间距等于输水沟长度，一般为 75～100 m；双向控制时，间距为单向控制的两倍。

第二，毛渠长度。采用纵向布置时，毛渠方向与机械作业方向一致，耕作田块（灌水地段）的长边应符合机械作业有效开行长度（800～1 000 m）。一般来说，毛渠越长，流速越大，越可能引起冲刷。采用横向布置时，毛渠长度为耕作田块（灌水地段）的宽度（200～400 m）。因此，毛渠的长度不得大于 800～1 000 m，也不得小于 200～400 m。

在机械作业的条件下，为了迅速地进行开挖和平整，毛渠断面可做成标准式。一般来讲，机具的顺利通过要求边坡为 1∶1.5，渠深不超过 0.4 m，通常采用半填半挖式渠道。

3.农渠的规格尺寸

（1）农渠间距

农渠间距与毛渠的长度有着密切的联系。在横向布置时，农渠间距为毛渠的长度，从灌水角度来讲，根据各种地面灌水技术计算，农渠间距为 200～400 m 是适宜的。从机械作业要求来看，农渠间距（当耕作田块与灌水地段合二为一时，就是耕作田块宽度）应有利于提高机械作业效率，一般来讲应使农渠间距为机组作业幅度（一般按播种机计算）的倍数。在横向作业比重不大的情况下，农渠间距在 200 m 以内是能满足机械作业要求的。

（2）农渠长度

综合灌水和机械作业的要求，农渠长度为 800～1 000 m 较适宜。在水稻种植地区，农渠长度、宽度均可适当缩短。水稻种植地区田间渠道设计应避免串流串排的现象，以保证控制稻田的灌溉水层深度，避免肥料流失。

（二）丘陵地区

根据地形条件及所处位置的不同，可将丘陵区耕地分成三类，即岗田、土田和冲田（垄田）。

1.岗田

岗田是位于岗岭上的田块，位置最高。岗田顶平坦部分的田间调节网的设计与平原地区无原则上的区别，仅格田尺寸要按岗地要求而定，一般比平原地区的小。

2.土田

土田指岗冲之间的坡耕地，耕地面积狭长，坡度较陡，通常修筑梯田。梯田的特点是每个格田的坡度很小，上、下两个格田的高差很大。

3.冲田（垄田）

冲田（垄田）是三面环山形，如簸箕一样的平坦田地从冲头至冲口逐渐开阔。沿山脚布置农渠，中间低洼处均设灌排两用农渠，随着冲宽的增大，增加毛渠供水。

（三）不同灌溉方式下田间渠道设计的特点

1.地下灌溉

我国许多地区为了节约土地、提高灌溉效益，不断提高水土资源的利用率，创造性地将地上明渠改为地下暗渠（地下渠道），建成了大型输水渠道为明渠、田间渠道为暗渠的混合式灌溉系统。

地下渠道主要将压力水从渠首送到渠末，通过埋设在地下一定深度的输水渠道进行送水。采用较多的是灰土夯筑管道、混凝土管、瓦管，也有用块石或砖砌成的。地下渠系由渠首、输水渠道、放水建筑物和泄水建筑物等组成。渠首是用水泵将水提至位置较高的进水池，再从进水池向地下渠道输水。

地下渠系的灌溉面积不宜过大，根据江苏、上海的经验，对于水稻区，一般以 1 500 亩（1 亩＝666.67 m²）左右为宜。地下渠道是一项永久性的工程，修成以后较难更改，一般应在土地规划基本定型的基础上进行设计布置。

地下渠道的平面布置一般有两种形式，即"非"字形布置（双向布置）和梳齿形布置（单向布置）。

2.喷水灌溉

喷水灌溉（喷灌）是利用动力把水喷到空中，然后像降雨一样落到田间进行灌溉的一种先进的灌溉技术。这一方法最适于水源缺乏、土壤保水性差的地区，以及不宜地面灌溉的丘陵、低洼地、梯田和地势不平的干旱地带。喷灌与传统的地面灌溉相比，具有节省耕地、节约用水、增加产量和防止土壤冲刷等优点。与田块设计关系密切的是管道和喷头布置。

（1）管道（或汇道）的布置

对于固定式喷灌系统，需要布置干、支管；对于半固定式喷灌系统，需要布置干管。

①干管基本垂直于等高线，在地形变化不大的地区，支管与干管垂直，即平行于等高线。②在平坦灌区，支管尽量与作物种植和耕作方向一致，这样对于固定式系统来说，可减少支管对机耕的影响；对于半固定式系统，则要求便于装拆支管，减少移动支管对农作物的损伤。③在丘陵山区，干管或农渠应在地面最大坡度方向或沿分水岭布置，以便向两侧布置支管或毛渠，从而缩短干管或农渠的长度。④水源如为水井，井位以在田块中心为好，使干管横贯田块中间，以保证支管最短；水源如为明渠，则最好使渠道沿田块长边或通过田中间与长边平等布置。渠道间距要与喷灌机所控制的幅度相适应。⑤在经常有风的地区，应使支管与主风方向垂直，以便减少风向对横向射程（垂直风向）的影响。⑥泵站应设在整个喷灌面积的中心位置，以减少输水的水头损失。⑦喷灌田块要求外形规整（正方形或长方形），田块长度除考虑机耕作业的要

求外，还要能满足布置喷灌管道的要求。此外，还应在管道上设置适当的控制设备，以便进行轮灌，一般是在各条支管上装上闸阀。

（2）喷头的布置

喷头的布置与它的喷洒方式有关，应以保证喷洒不留空白为宜。单喷头在正常工作压力下，一般都是在射程较远的边缘部分湿润不足，为了保证全部喷灌地块受水均匀，应使相邻喷头喷洒范围内的边缘部分适当重复，即采用不同的喷头组合形式使全部喷洒面积达到所要求的均匀度。各种喷灌系统大多采用定点喷灌，因此存在着各喷头之间如何组合的问题。在射程相同的情况下，喷头组合形式不同，则支管或竖管（喷点）的间距也不同。喷头组合原则上是保证喷洒不留空白，并有较高的均匀度。

喷头的喷洒方式有圆形和扇形两种，其中圆形喷洒能充分利用喷头的射程，允许喷头有较大的间距，喷灌强度低，一般用于固定、半固定系统。

第三节 河道规划与设计

一、我国河道规划设计存在的问题

（一）城市河道规划蓝线、绿线相关规划指标问题

1.蓝线问题

为保障城市防洪、排涝及涵养水体的功能，城市规划中一般会对河道有严格的蓝线、绿线规划。河道蓝线是指河道工程的保护范围控制线。河道蓝线范围包括河道水域、沙洲、滩地、堤防、岸线，以及河道管理范围外侧因河道拓

宽、整治、建造生态景观、绿化等目的而规划预留的河道控制保护范围。

河道蓝线是城市规划的控制要素之一，它是城市规划在平面、立面及相关附属工程上的直接体现，平面上主要表现为河道中心线、两侧河口线及两侧陆域控制线；立面上主要以河道规划断面为控制线；附属工程是河道建设、日常管理及保护中不可缺少的内容，在河道蓝线划示中必须明确。

总规中对蓝线的划定主要是根据流域防洪规划、城市总体规划、城市防洪排涝规划，考虑河道沿线已建、在建与已规划的建筑，并结合其他专业规划进行划定。其中的不足之处有以下几个方面：①缺乏对河道综合整治重要技术指标的研究，一味依据河道的防洪排涝进行蓝线的划定；②对河道的基础研究不够，预测手段不足，规划的依据一般是过去的不完整的资料，使规划本身缺乏合理性，难以摆脱"头痛医头、脚痛医脚"的窘境；③对整个河流流域的蓝线的平面没有清晰的规划，如河道中线的走向、河道线形等；④蓝线的划定很少从生态和景观的角度去考虑，所以城市中大量存在着为了泄洪、保证过水断面而裁弯取直、挖深河床的河道，导致河道生态功能衰退。

2.绿线问题

所谓城市绿线，是指城市中各类绿地范围的控制线。从这个意义上讲，城市绿线应涵盖城市所有绿地类型，在划定的过程中具体应包括城市总体规划、分区规划、控制性详规和修建性详规所确定的城市绿地范围的控制线。绿线还可以分为现状绿线和规划绿线。现状绿线是保护线，绿线范围内不得进行非绿化建设；规划绿线是控制线，绿线范围内将按照规划进行绿化建设或改造。

河道绿线指河道蓝线两侧的绿化带。一般蓝线、绿线内用地不得改作他用，有关部门不得违反规定在绿线范围内进行建设。对于绿线的规划，必须具有很强的可操作性，易于落实绿地建设指标和满足绿地建设的各种要求。河道绿线的规划存在着以下问题：①现存的河道绿线的划定通常是规划中较为简单的，没有从城市整体规划着眼。②河道绿线的划定很少基于大量的现场勘察与调查研究、分析评价，并且与河道蓝线的划定相脱节。③不重视河道绿地指标在时间和空间上的统一控制，也就是不重视建立具有时序性和可操作性的分地块的绿地指标体系，这样绿线就不能发挥其应有的作用。④缺乏部门统一协调、组织规划，国土资源、勘测、园林、环保、交通等部门很难全面落实绿线划定工作。此外，社会各界的重视程度、人员资金的投入比例等因素也对绿线划定工作产生影响。

（二）城市防洪排涝与河道景观、生态建设的矛盾性问题

由于城市化建设，城市中的河道不断被占用，砌起的高高的防洪堤，在保证城市有能力抵御洪水、缓解城区防洪压力的同时，也使防洪排涝与城市的生态及景观建设的矛盾变得尤为突出，如防洪工程用地与城市其他用地的矛盾，填筑防洪堤与视觉景观的矛盾，修筑河道护岸与自然景观美的矛盾，等等。为了充分发挥城市内河道的双重功能，城市防洪工程建设必须与相关的景观设计、用地规划紧密结合，统一规划。

在城市防洪规划中，最常见的工程措施是将河道拓宽，清淤整治，截弯取直，修筑堤防。这些工程措施能够有效地减小河道糙率，提高河道泄洪能力，减少水流对凹岸的冲刷，从而达到抵御洪水的目的。从防洪角度看，综合采取以上措施，可以达到减少防洪工程占地、减少工程投资等目的。

然而，从生态角度看，以上措施会破坏鱼类产卵场，阻隔洄游通道；对植被造成严重破坏，导致水土流失；破坏水生物的生态栖息地，影响流域的生态系统；给原本不稳定的地质状态和脆弱的生态环境带来更多影响。从景观方面看，以上措施会影响城市水景观的建设，无法满足市民休闲、游憩、亲水的需求，损害了河道的景观价值。

（三）城市土地利用与河道景观、生态建设的矛盾性问题

城市人口密集，城镇密布，土地利用率高，河道被约束在很小的范围内，大范围调整或改变河流的地貌特征对处于城市中的河流来说是不现实的。当前对河道的改造也只局限在对现有河道线形的改造上，两岸相应拓宽一定距离，并结合绿地进行景观、生态改造和建设。然而，一般城市河道两侧常常被用于建设道路、工厂、滨水住区、商业贸易区等，它们很少与河道结合，且它们之间通常相互规避或争抢土地。

二、生态、景观与水利工程融合的河道理论研究

（一）生态与水利工程融合的河道理论

从 20 世纪 90 年代起，国内一些城市开始转变传统的水环境治理思路，提出了"河道生态治理"理念。在这一方面，国内进行了大量的研究和实践，如以董哲仁的"生态水工学"为代表的河道整治理论，从水文循环与生态系统之间的耦合关系出发论述水文循环的生态学意义、河流生态修复的战略和技术问题、河流健康的评价方法、河流廊道生态工程技术、水环境修复生态工程、城市河流生态景观工程等，着力阐述"生态水工学"，以此形成了完善的体系。

董哲仁提出了"生态水工学"的概念，他认为水工学应吸收、融合生态学的理论，建立和发展生态水工学，在满足人们对水的各种需求的同时，还应保证水生态系统的完整性、依存性，恢复与建设洁净的水环境，实现人与自然的和谐。郑天柱等人应用生态工程学理论，探讨了河道生态恢复机理，指出满足河流生态需水量是缺水地区恢复河流生态的关键。杨海军等人也提出了退化水岸带生态系统修复的主要内容，主要包括适于生物生存的生境缀块构建研究、

适于生物生存的生态修复材料研究以及水岸生态系统恢复过程中自组织机理研究。

（二）景观与水利工程融合的河道理论

现今，我国很多地区开展了水利工程和景观环境改善工作，并进行了大量研究，如提出了"景观水利"的概念。景观水利在充分结合水利特点，综合考虑水利工程安全、水生态、水土保持、水资源利用和保护等问题的基础上，将"人与自然和谐"的理念贯穿到水利工程建设中，注重工程建设与环境保护相统一，丰富了水利工程的文化内涵，有利于打造精品水利。但是，通常景观规划设计师在对某一条河道进行规划设计时，对水利工程具体的规范、指标、防洪标准等都缺乏了解，在这一方面的理论研究通常都是泛泛而谈，仅仅停留在表面。

三、生态河道设计

生态河道设计的内容如下：

1.河道的平面设计

对整个河道的总体平面进行设计，即线性设计，是进行生态河道建设的基础，也是把握和控制整个系统的关键所在，其设计标准下河流的过流能力是设计最基本的要求。目前，人类对土地的需求量过大，河道地带也不断被侵占，河道变得狭窄，水域面积减小，河道生态系统遭到破坏。因此，在满足排洪要求的情况下，河道的规划设计应随着河道地形和层次的变化，合理规划宽窄直曲，以恢复河流上、下游之间的连续性和伸向两岸的横向连通性，并尽量拓宽水面，这样既有利于减轻汛期河道的行洪压力，又扩大了渗水面积，为微生物繁衍提供了条件，给了生物更多的生存空间。同时，在补给地下水、净化大气等方面,河道规划设计也起到举足轻重的作用。将河道设计成趋近自然的生态型河道,有助于满足人类对各方面的需求。

在传统河道治理中,人们仅仅把河道当成泄洪的渠道,其设计仅仅满足了泄洪的需要,即以保证最大洪水安全通过为主。这样做仅仅是将河道取直,河床挖深,加强驳岸的牢固稳定,而忽视了河道的自然生态功能和景观功能,违背了生态水工学的理念和原则,自然也违背了生态河道的理念和设计原则。对此,相关部门需要结合河道地势,扩宽部分河段,拆除混凝土构筑物,充分发挥空间多边、分散性的自然美,使河流处于近自然状态,这不仅可以加强水体的自净能力,也可以使水质自净化处于最佳状态。同时,设计者也需要注重细节上的设计。例如,为了水鸟等生物的生存,应该适当恢复和增加滨水湿地的面积;为了鱼类更好地繁衍生息,应该使河道有近自然状态的蜿蜒曲折,深潭和浅滩交错分布;为了陆生和两栖动物在河流和陆地之间活动方便,在建设河道堤沿时,应适当地预留动物横向活动的缺口;为了便于河流上、下游生物之间的流动,应减少堰坝的数量,或者寻找可以替代堰坝的设计方案。要想将这一系列的措施付诸实践,以上这些问题在最初设计时都应当考虑到。

设计者在进行城镇区域内的河道设计时,还需要考虑河道景观的美学价值和社会功能。这就需要结合规划地的具体情况,构建一些供居民亲水、近水的活动场所。从生态学的角度来讲,这符合"兵来将挡,水来土掩"的自然规律。局部环境的改善可以为生物多样性创造条件,提高生态系统的稳定性。从工程学的角度来讲,河堤建设是在抗洪防汛的前提下完成的,可以有效地降低水流的速度,减小水流冲击力,有利于保护沿岸河堤。从水利学的角度来讲,它满足了水利学的基本要求,达到了人们的治理目的。

2.河道断面设计

生态河道断面设计的关键是对于不同的水位和水量,河道均能够适应。例如,发生高水位洪水时,不会对周边人们的生命、财产安全造成威胁,低水位枯水期可以维持河流生态蓄水，满足水生生物生存繁衍的基本条件。一般的设计中，在原有河道基础上，需要对河流的边坡或护岸进行整治，使河道横断面符合设计者的要求和目的。河道断面具有多样性，最常见的有矩形断面、单级梯形断面及多层台阶式断面等。已有的断面结构虽然能在一定程度上为水生动植物、两栖动物及水禽类建造出适合它们繁衍生息的生境，但是其局限性在长时间的实践中已经显现出来，如妨碍了河流生态系统的健康稳定和可持续发展。

传统河道断面的设计基本是采用以矩形断面和单级梯形断面为主的砖石混凝土材料，砌成高堤护岸，主要作用是洪水期泄洪和枯水期蓄水，但蓄水时，一般辅助以堰坝和橡皮坝，单独的蓄水功能很差。为了保证陆生和两栖动物在水陆生态系统之间自由活动，河堤护岸的设计需要预留适当的缺口，而断面设计也需要注意这一问题，因为过高的堤岸会使陆生和两栖动物不能自由地跃上和跳下，会使生物群落的繁衍生息受阻。在设计中，梯形断面河道虽然在形式上解决了水陆生态系统的连续性问题，但亲水性较差，坡度依然较陡，断面仍在一定程度上阻碍了动物的活动和植物的生长，且景观布置效果差，若减小坡度，则需要增加两岸占地面积。针对这一问题，水利设计者设计出了复式断面，即在常水位以下部分采用矩形或者梯形断面，在常水位以上部分设置缓坡或者二级护岸。这样的设计不但可以满足常水位时的亲水性，还可以满足洪水位时泄洪的需求，同时也为滨水区的景观设计提供了空间。另外，在河道治理过程中，断面需要多样化。断面结构在很大程度上影响着水流速度、水流的形式（紊流和稳流等），进而影响水体溶氧量。多样化的断面有利于水生生物的生长和多样化生物群落的产生，有利于形成多样化的生态景观。

尽管复式断面的产生在很大程度上满足了基于生态水工学的河道治理要求，但是，相关人员仍要注重方案的执行，在细节上进一步完善断面的宏观和微观设计。

3.河道护岸形式

河道治理中，建设符合生态要求且具有自我修复功能的河道是水利设计者的目标，这就要求水利设计者对河道护岸的形式加以研究，提出合理的设计方案。绝大多数河道治理工程很少涉及河床的建设，而仅仅是对其进行修整、改造，或修建堰坝和橡皮坝。少数穿过城区的河流，其河床虽然经过较大程度的建设，但这些建设基本只是河床硬化，使河堤和河床融为一体，仅仅能够满足城市泄洪的需要。建造堰坝、橡皮坝或河床硬化等措施在实施过程中已产生一系列的问题，但截至目前，并没有新的有效的设计方案产生。这是设计者今后需要研究的问题。

在河道护岸形式上，设计者应选择生态护岸类型。生态护岸既满足河道体系的防护标准，又有利于河道系统恢复生态平衡。常见的生态护岸形式有利用格栅加固边坡、利用渗水混凝土加固边坡、利用生态砌块加固边坡等。它们的共同点是具有较大的孔隙，能够让附着植物生长，借助植物的根系来增加堤岸坚固性。非隔水性的堤岸使地下水与河水自由流通，使能量和物质在整个系统内循环流动，不仅节约工程成本，也有利于生态保护。但生态护岸也有其局限性，由于材料和构筑形式与坡面防护能力息息相关，因此要求设计者结合实际的坡面形式选择合适的材料和构筑形式。

4.生物的利用

在生态河道设计中，设计者不但要注重形式上的设计，而且要注重对生物的利用。设计者可以以生态河道治理理论为基础，借助亲水性植物和微生物来治理水体污染和富营养化。比如，设计新型堰坝，使水流产生涡流，从而增加水体中的含氧量，促进水环境中原有好氧微生物的繁衍，有效降解水中的富营养化物质和污染物，提高水体自净能力。在此基础上，设计者还可向河道引进原有的水生生物和亲水性植物，恢复水体中水生生物和亲水性植物的多样性，如种植菖蒲、芦苇、莲等水生植物，进一步为改善河道生态环境和维护水质提供保障。

在河道堤岸的设计中，设计者要善于利用植物的特点，美化堤岸，强化堤岸的景观功能。比如，在相对平缓的坡面上，可以利用生态混凝土预制块体进行铺设或直接作为护坡结构，适当种植柳树等乔木，其间夹种小叶女贞等灌木，附带些许草本植物；在较陡坡面上，可以预留方孔，在孔中种植萱草等植物，这样在不破坏工程质量的基础上，不但美化了环境，而且提高了堤岸的透气性和湿热交换能力，有抗冻害、受水位变化影响小等优点。

四、河道护岸类型

（一）生态河道护岸类型

生态河道护岸现已在很多河道治理工程中得到应用，并形成了一些护岸类型。总的来讲，生态河道护岸就是具有恢复自然河岸功能或具有"渗透性"的护岸，它不仅确保了河流水体与河岸之间水分的相互交换和调节，也具备防洪的基本功能。相较于其他一些护岸，它不但能较好地满足河道护岸工程在结构上的要求，而且能够满足生态环境方面的要求。在生态河道治理中，生态河道护岸的类型有很多种，具体可归纳为以下三种基本形式：

1.自然原型护岸

自然原型护岸主要是利用植物根系来巩固河堤，以保持河岸的自然特性。利用植物根系保护河岸，简单易行，成本低廉，既可以满足生态环境的建设需求，又可以美化河道景观。农村河道治理工程可优先考虑自然原型护岸。

一般在河岸种植杨、柳、芦苇、菖蒲等近水亲水性植物，可适度提高河岸的抗洪能力，但提高能力有限，主要用于保护小河和溪流的堤岸，也适用于坡面较缓或腹地宽大的河段。

2.自然型护岸

自然型护岸是指在利用植物固堤的同时，也采用石块等天然材料保护堤底，比较常用的有干砌石护岸、铅丝石笼护岸和抛石护岸等。在常水位以上坡面种植植被时，一般在坡面较陡或冲蚀较重的河段采用乔灌木交错种植的方式。

3.复式阶级型护岸

复式阶级型护岸是在传统阶级式堤岸的基础上结合自然型护岸，利用钢筋混凝土、石块等材料，使堤岸有较大的抗洪能力。一般做法如下：亲水平台以下，将硬性构筑物建造成梯形箱状框架，向其中投入大量石块或其他可替代材料，建造人工鱼巢，框架外种植杨、柳等，近水侧种植芦苇、菖蒲等水生植物，借用其根系巩固堤防；亲水平台之上，采用规格适当的格栅形式的混凝土结构固岸，在格栅中间预留出来的地方种植杨、柳等乔木以及花草植物。

（二）城市河道驳岸类型

关于城市河道的水生态规划设计的研究已有很多，城市河道生态驳岸具有多样的形式和不同的适应性，其功能和组成与自然河道相比有很大的不同。在城市河道景观改造中，驳岸主要有以下三种类型：①立式驳岸；②斜式驳岸；③多阶式驳岸。

五、河道的设计层面

在设计层面上，河流的治理不仅要符合工程设计原理，也要符合自然生态及景观原理，即大坝、防洪堤等水利工程在设计上必须考虑生态、景观等因素。

（一）河道线形、河床设计

对于大多数渠道化的河道，由于受经济、社会和自然条件的制约，通过拆除堤防和其他方法使其完全恢复到历史状态是不切实际的，但在有些情况下，仍有可能恢复其蜿蜒的形式。

1.河道蜿蜒性的确定

与直线化的河道相比，蜿蜒化的河道能降低河道的坡度，进而降低河道的水流速度和泥沙输移能力。恢复河道的蜿蜒性能提高河道栖息地的质量，营造更富美感及亲水性的景观。蜿蜒度是指河段两端点之间沿河道中心轴线长度与两端点之间直线长度的比值。河道改造一般遵循"宜宽则宽，宜弯则弯，尽量使河道保持自然的形态"的原则，但是，在具体的河道线形中，如何确定河道的蜿蜒性，怎么使河道在兼顾"宜宽则宽，宜弯则弯"的同时，还能保持河道各系统的稳定性，是设计者在设计时需要解决的问题。

一般在河道设计中，有关蜿蜒性恢复的方法有参考法、应用经验关系法等。

2.河道底宽、面宽与深度的确定

在河道设计中，河道宽度、深度、坡降和形态是互相关联的，河道修复时应尽量保持原有的几何形态，如果待修复河段不稳定，则可将参照河段的宽度测量结果取平均值来确定待修复河段宽度的选择范围。

3.深潭、浅滩的设计

深潭、浅滩是蜿蜒型河道的典型地貌特征。如果受城市建筑、道路等的影响，渠道化顺直的河道无法在平面形态上修复成蜿蜒的形态，那么可以通过深潭、浅滩的形式，达到生态改造的目的。

（二）河道断面设计

由于河道所处的环境及周边的土地利用情况不同，河道断面可选择的形式也不同，如北方大部分的季节性河流在一年之中水位变化较大，或大部分时间为污水，为满足景观及防洪的需求，河道通常采用复式断面结构；对于在人口集聚地的河流断面，由于河道两岸空间相对狭小，河道通常采用梯形断面和矩形断面形式。

断面设计的基本标准是设计出的河道能够满足不同水位和过水量的要求。在此基础上，河流还应该有凹岸、凸岸、浅滩和沙洲，这样才能为各种生物提供良好的栖息地，起到降低河水流速、削减洪峰流量的作用。

（三）河道水利工程建筑、设施的生态及景观设计

河道水利工程建筑及设施包括各种水闸，如分水闸、分洪闸、进水闸；各种堤坝，如丁坝、顺坝、滚水坝、护岸；各种港工建筑物，如码头、船坞等；另有取水口、跌水、泵站以及跨河桥梁等。这些建筑设施通常是河道景观上的重要节点，其设计除满足基本功能外，还应该从景观的角度去考虑。

1.水工建筑设计的规范要求

水工建筑物由于涉及河道的防洪、排涝、调控水量等功能，与其他建筑物功能及性质不同，因此应充分遵循《河道整治设计规范》《堤防工程设计规范》等规范。如有通航要求的河道，其跨河建筑物应少设支墩，且支墩基础顶面应在河道整治规划河底最大冲刷线 2.0 m 以下。又如，跨河建筑物中的桥梁、桥架、渡槽等的梁底必须高于所处河段的设计洪水位，并留有适当超高，不通航河道的超高不小于 2.0 m。

2.水工建筑的生态及景观设计

水工建筑的生态及景观设计要求如下：①设计时应遵循建筑美学的一般规律，充分考虑河流周边的环境；采用适当的比例、尺度；协调体形、色彩、质地三个方面。②水工建筑物与一般土木建筑物有所不同，具有特殊的内涵，即与河流、水紧密地联系在一起，具有由水而衍生出的地域文化特色。因此，

水工建筑物的设计应充分挖掘与此相关的水文化内涵，通过地域元素加以表达，形成具有独特地域风格的水工建筑。③具体河段可以以生态形式布置，如利用自然岩石形成水坝，同时，在景观上可考虑游人的亲水需求，即坝体的设计可结合种植槽、汀步等，打破生硬的线条，营造出生态与坝体相融合的景观。

（四）景观与生态系统双重营造的滨水区植物设计

1.植物设计的生态性原则

植物生态及自然景观并不是乔灌草的简单化、形式化的堆积，而是要依据滨水水域、陆域的自然植被的分布特点和生态系统特性进行植物配置，从而体现滨水区植物群落的自然演变特征。植物设计的发展趋势是充分地认识地域性自然景观中植物景观的形成过程和演变规律，并以此进行植物配置。

植物设计应能够充分体现滨水区植物品种的丰富性和植物群落的多样性特征。营造丰富多样的植物景观，首先依赖于丰富多样的滨水空间的打造，遵循"适树适地"的原则，即强调为各种植物群落营造更加适宜的生境。滨水植物设计的首要任务是保护、恢复并展示滨水区特有的景观类型，而滨水区植物景观的多样性是滨水区地域性特征最显著的元素。

2.植物设计的景观性原则

植物景观是滨水区的重要景观，也是滨水区景观的有机组成部分。规划应根据地域特性，尽量模仿滨水区自然植物群落的生长结构，增加植物的多样性，建立层次多、结构复杂的植物群落，合理地进行片植、列植、混种等，并形成一定规模，促进植物群落的自然化，发挥植物的生态效益功能，增强滨水植被群落的自我维护、更新和发展能力，增强群落的稳定性和抗逆性，实现人工的低度管理和景观资源的可持续发展。同时，注重滨水区生态系统动植物、微生物之间的能量交流，建立适宜滨水区生态系统发展的景观形态。滨水区通常是城市形象的重要展示区。规划设计在贯彻自然生态优先原则的前提下，应当预留完整的滨水生态的发展空间，保护城市滨水生物多样性，运用景观生态学原理，建立相应的评价系统，以提高城市滨水区及城市整体环境品质，维护景观多样性及生态平衡，其他景观设计项目应让位于植物景观的生态设计。当然，规划不仅要尊重自然生态的发展空间，也要考虑人类社会、经济生态系统运行的需求。

六、工程尺度层面

（一）河道护底与驳岸材料的选择

在滨水区，驳岸是水域和陆域的交界线，相对而言也是陆域的最前沿。作为城市中的生态敏感带，驳岸对于滨水区的生态有着非常重要的影响。

目前，我国大多数城市使用的驳岸材料主要是钢筋混凝土、水泥及石砌挡土墙等缺乏水气交换与循环的材料。这些材料能够固化水体，阻断水体与河畔陆地植被的水气循环，破坏河畔生物赖以生存的环境基础；限制河畔陆地植被的生存空间，使一些两栖动物和水生动物丧失生存、栖息的场所；打破河畔陆地与水体的生态平衡，逐渐使水体失去生物净化的功能。这类河道整治工程严重破坏了生态环境，使河道生态系统遭到了结构性破坏，因此驳岸的处理是沿河景观设计的重点，应尽量考虑以生态驳岸和景观绿化设计相结合的形式来代替硬性防洪工程，以求达到传统与现代、工学与生态学、行洪与环境的和谐统一。在生态驳岸设计中，安全仍然是第一位的，驳岸的设计要与区域防洪规划相结合，既要保证常水位下人群活动的安全，又要保证高水位下行洪的安全。

生态驳岸是指"可渗透性"的人工驳岸，是基于对生态系统的认知和保证生物多样性的延续而采取的以生态为基础、以安全为导向的工程方法，以减少对河流自然环境的伤害。

（二）河床材料的选择

从生态角度看，在河床材料的设计中，合理选择底质是很重要的，设计者既可参照同类河流，根据地貌分类的方案进行设计，也可根据河段的上、下游，河段的河漫滩或古河道进行分析。

一般来说，底质应该由不同的粒径的砂砾组成，以避免砂砾石径的均一化。其中，有棱角的砂砾要占一定的比例，以保证砂砾之间的相互咬合，增加河床的稳定性。另外，粒径大小应适当，若太大，则容易在高速水流作用下失稳，并且粒径太大的底质材料也不利于形成适于鲑鱼等鱼类产卵的栖息地。

七、河道规划层面的生态、景观与水利工程的融合

（一）河道与周边城市用地的调控

用地问题是制约城市河道成为良好的滨水景观区、城市休闲空间的一个主要因素。现在河道的许多地方直接与城市道路、建筑等以直立墙护岸的形式相连接，已无任何的缓冲余地。但是，要形成一个良好的滨河景观带，尤其是建立相对完整的滨河生态系统，沿河两侧的绿地保护带至少要大于 30 m，这样才能发挥环境保护方面的功能。如果河岸植被带的宽度在 60 m，则可以满足动植物迁移和生存繁衍的需要，并起到保护生物多样性的功能；同时，具备足够的空间可改善河道的休闲景观，提升城市的品位。

大多数处于城市中的河道，两岸早已存在的建筑、道路等，或可拆除，或可保留，这些都是可以人为调控的，只是要看政府的重视程度与调控力度。

因此，河道两侧用地的调控是生态、景观与水利工程融合的规划设计中必须考虑的一个前提条件。只有有了足够的带状绿地，才能在满足防洪、排涝要求的基础上，兼顾生态系统的完善以及景观品位的提升。

（二）完整的河流绿色廊道的建立

在我国城市化进程中，不合理的土地利用严重损害了生态系统有机体的结构与功能，加剧了城市的生态风险，降低了人居环境质量。因此，在有限的城市土地上建立一个战略性的自然系统结构，创建一条连通的绿色生态廊道，用以保障自然的完整性和连续性，是提高人居环境质量、保障城市生态安全的有效途径。

完整的河流绿色廊道的建立也是规划阶段生态、景观与水利工程融合时必须考虑的问题。建立完整的河流绿色廊道，就是沿河流两岸控制足够宽度的绿带，包括河漫滩、泛洪区、物种栖息地、景观休闲用地等，在此控制带内严禁修建任何永久性的大体量建筑，并与郊野基质连通，从而保证廊道基本功能的发挥。

（三）河道景观的功能区划及用地规划

为了有效地改善生态环境面貌，提升城市的景观品位，整合土地资源，在规划阶段必须解决河道景观的功能区划以及对每段区划的主题定位问题。

1.区划的前提

在区划时，需要参照《水功能区监督管理办法》中对河道所划分的水功能。水功能一级区分为保护区、缓冲区、开发利用区和保留区四类。水功能二级区在水功能一级区划定的开发利用区中划分，分为饮用水源、工业用水区、农业用水区、渔业用水区、景观娱乐用水区、过渡区和排污控制区七类。

在保护区、饮用水源区内严禁进行任何的人为活动，包括景观休闲、游憩、水上运动等,因此在功能区划上一般将其划定为生态水源涵养区或水源核心保护区。

2.功能结构区划

根据河道每一段所处的位置、周边的环境等,在功能区划上应以河道水环境保护为前提,从河道现有的生态资源和自然景观角度出发,经过综合分析,将整个规划范围内的河道按照性质、功能等划分为不同的区域。

一般来说,位于城市内的河段,其功能定位为通过对河道的生态整治与景观改造,满足市民的亲水、休闲、娱乐需求,作为城市滨水区形象地进行规划,以全面提升整个城市的品位。

河道景观由于自然及人工的原因分布在城市、村镇、产业园区、郊野等不同的地域,每一地域的河道景观的规划目标、宗旨、布局不尽相同。规划设计首先需要解决的是规划定位问题,如上海苏州河、黄浦江的整治,成都府河、沙河的整治等,都是作为城市近年来主要的市政工程进行实施的。郊野自然河道的改造基本定位在河道的防洪功能和自然生态恢复整治上。对于流经特殊地域,或有特殊产业的地域,或在城市中所处的地位相对较为特殊的地域的河流的改造,则需统筹考虑该地域区位、产业结构、用地类型等因素。

(四)河道休闲旅游规划

1.水利风景区的提出

"仁者乐山,智者乐水",国内外以水为依托的休闲旅游景区的建设极具发展前景。在对河道进行整体规划时,应充分论证河道作为旅游景区的可行性,如河道及周边的区位条件、自然及人文资源特色、客源市场情况等。水利部引导下的水利风景区建设则是为了更好地将"水"作为旅游资源,建设一批与水相关的休闲、度假、旅游项目,从而达到以合理开发水资源景观为主,以保护与修复水域生态为前提,同时整合与优化区域旅游资源、发扬与传承地域文化，营造可持续发展的水利风景区的目的。

2.景区建设与水利设施及生态的统筹

水利风景区是旅游地的一种类型，其本身也因所依托的设施不同而具有不同的资源特色及分布形态，可有多种开发方式。因此，在规划景区中的河道时，应对其发展方向有清晰的定位。

另外，水利风景区与一般的风景名胜区或旅游度假区类似，都是以游览、观光、休闲、度假、娱乐等为主。但是，水利风景区具有不同于一般景区的特点，即必须保证水利设施的正常运转与效能发挥，以及河道生态的涵养与修复，故在规划和管理上，水利旅游区有其特殊性。

第三章 水利工程施工导流

第一节 施工导流

一、施工导流的内涵及常用导流施工技术

（一）施工导流的内涵

所谓施工导流，是指在修筑水利水电工程时，为了使水工建筑物能保持在干地上施工，用围堰来维护基坑，并将水流引向预定的泄水建筑物，泄向下游。要合理制订水利工程施工导流方案，确保水利工程顺利施工，进而保证工程的质量和安全。在施工初期，坝体导流分为三个设计阶段。在工程前期，施工方案是之前确定的，需要严格按照方案施工，确定坝体在施工完成后能阻挡水流，此时，必须同时拦截从整个大坝流向河床的所有水流，为保证施工围堰未完工时，整个早期坝体在大坝的保护下能够顺利施工；在中期，大坝引水工程的设计需要能够有效地增加整个大坝的总库存和总注水量，同时在汛期施工阶段，要根据前期导流设计要求和注水深度，做出设计决策，提高防洪坝体活水工程能力，达到施工坝体防洪的主要设计目的；在后期，根据前期坝体导流后整个坝体抗洪活水工程的需求，分步进行总体设计，整个坝体可继续施工。

（二）常用导流施工技术

1.明渠导流施工

在水利工程项目建设中，导流施工可以借助于明渠导流方式。这种方式主要是在项目附近的河岸区域合理开挖渠道，有效修筑围堰结构，进而实现对河水的下泄处理。如果在水利工程项目所处区域中存在一些既有河道，那么可以将其作为明渠进行导流处理，此时需要进行必要的修复改造。在明渠导流施工技术应用中，技术人员应该重点围绕水利工程项目的导流需求进行综合分析，以便利用现有条件或者是创造条件来布置明渠。在明渠导流布置中，除了要重点考虑明渠导流轴线，还需要重点围绕明渠进出口以及高程等关键指标进行优化设置。比如，明渠的进出口应该分别和水利工程项目所处河道的上游和下游水流相连，以便更好地疏导水流。明渠和河道的交角应该尽量控制在 30°以内，并且在条件允许的情况下，尽可能降低明渠长度，以此减少工程量。一般而言，明渠导流施工技术的应用多适应于一些河床较窄且河岸较宽的区域，即使相应导流流量比较大，也可以借助于该方式进行有效处理，以保障水利工程项目的整体安全和稳定性。

2.隧洞导流施工

对一些山区中的水利工程，可以利用隧洞予以导流处理。由于山区中水利工程项目多处于河谷狭窄且地形陡峻区域，构建明渠或者是其他导流设施的难度相对较大，因此可以在该区域合理设置隧洞，以此完成导流任务。为了更好地形成理想的隧洞应用效果，技术人员往往需要高效运用永久隧洞条件，以降低工程建设难度。当然，因为隧洞自身的局限性，其往往很难形成较大的导流流量，所以应该结合河流实际状况予以恰当选用和设置。基于隧洞构建的条件，往往需要确保相应区域具备较为理想的地质条件，能够有效保证隧洞的稳定性，如果相应地质条件较为恶劣，极容易出现坍塌或者是变形风险，就需要采取其他方式，避免随意设置隧洞。

在隧洞轴线设置上，应尽量采取直线方式，以解决因弯道而产生的较大冲击力问题，进而维系隧洞结构的整体稳定性和耐久性。如果在隧洞构建中必须设置转弯区域，则需要严格控制好角度，尽量将其控制在 60°以内。在隧洞导流施工技术应用中，为了形成理想的应用实效，往往还需要重点考虑该区域既有永久建筑物，保障其间距较为适宜合理，以此规避相互影响和干扰，确保隧洞可以持续发挥理想作用。

3.分段围堰导流施工

对于河床宽、流量大、工期较长的工程，一般采用分段围堰法。分段围堰导流施工技术的应用需要密切结合相应水工建筑物的施工需求，合理分期、分段，以便构建较为理想的导流效果，解决水工建筑物施工对河流的不利影响。与此同时，分段围堰导流施工处理还需要综合考虑水位状况、河水流量、同行状况以及灌溉需求等。

在分段围堰导流施工技术的应用中，应结合实际状况，灵活运用缺口导流以及底孔导流等方式，以便更好地实现对相关河水的处理，确保水工建筑物能够得到有序建设。当然，为了更好地优化分段围堰导流施工，往往还需要积极关注既有构筑物的充分运用，以便减少工作量，优化工程整体运行效果。

二、施工导流分类

施工导流的方式大体上可分为三类，即分段围堰法导流、全段围堰法导流和淹没基坑法导流。

（一）分段围堰法导流

1.基本概念

分段围堰法亦称分期围堰法，即用围堰将水工建筑物分段、分期维护起来进行施工的方法。

首先河水由左岸的束窄河床宣泄。一般情况下，在修建第一期工程时，为了使水电站、船闸早日投入运行，满足初期发电和施工通航的要求，应考虑优先建造水电站、船闸，并在建筑物内预留底孔或缺口。到第二期工程施工时，河水就经这些底孔或缺口等下泄。

所谓分段，就是在空间上用围堰将建筑物分为若干段进行施工。所谓分期，就是从时间上将导流分为若干时期。导流分期数和围堰分段数可以不同。段数分得愈多，围堰工程量愈大，施工也愈复杂；期数分得愈多，工期有可能拖得愈长。

工程实践中，两段两期导流采用得最多。只有在比较宽阔的通航河道上施工、不允许断航或其他特殊情况下，才采用多段多期的导流方法。

2.分段围堰法适用条件及实例

分段围堰法导流一般适用于河床宽、流量大、工期较长的工程，尤其适用于通航河流和冰凌严重的河流。这种导流方法的导流费用较低，国内外一些大、中型水利水电工程采用较多。例如，湖北葛洲坝和三峡大坝、江西万安水电站、辽宁桓仁水库、浙江富春江水库、广西大化水电站等水利枢纽工程都采用这种导流方法。

3.分段围堰法后期泄水道

（1）底孔导流

底孔是事先在混凝土坝体内修好的临时或永久泄水道，导流时让全部或部分导流流量通过底孔宣泄到下游，保证工程继续施工。

底孔若为临时性的，则在工程接近完工或需要蓄水时加以封堵。这种导流方法在分段分期修建混凝土坝时用得较普遍。采用临时底孔时，底孔的尺寸、数目和布置，应通过相应的水力学计算决定。

底孔的布置应满足截流、围堰工程以及封堵等的要求，如底坎高程布置较高，截流时落差较大，围堰较高，但封堵时的水头较低，封堵相对容易些。一般底孔的底坎高程应布置在枯水位以下，以保证枯水期泄流。当底孔数目较多时，可以把底孔布置在不同高程，封堵时从高程最低的底孔开始，这样可以减少封堵时所承受的水压力。

临时底孔的断面多采用矩形，为了改善孔周的应力状况，也可采用有圆角的矩形。按水工结构要求，孔口尺寸应尽量小，但若导流流量较大或有其他要求时，也可采用尺寸较大的底孔，如表3-1所示。

底孔导流的优点是挡水建筑物上部的施工可以不受水流干扰，有利于均衡连续施工，这对修建高坝特别有利。若坝体内设有可以利用的永久底孔，则更为理想。底孔导流的缺点：由于坝体内设置了临时底孔，故钢材用量增加；如果封堵质量不好，则会削弱坝的整体性，还可能漏水；导流流量往往不大；在导流过程中，底孔有被漂浮物堵塞的危险；封堵时，由于水头较高，安放闸门及止水等工作均较困难。

表3-1　一些水利水电工程导流底孔尺寸

工程名称	底孔尺寸（宽×高，m×m）	工程名称	底孔尺寸（宽×高，m×m）
新安江水库	10×13	凤滩水库	6×10
柘溪水库	8×10	伊泰普水电站	6.7×22
三峡大坝	6×8.5	二滩水电站	4×8

（2）坝体缺口导流

在混凝土坝施工过程中，当汛期河水暴涨暴落，其他导流泄水建筑物又不足以宣泄全部流量时，为了不影响施工进度，使大坝在涨水时仍能继续施工，可以在未建成的坝体上预留缺口，以配合其他导流建筑物宣泄洪峰流量；待洪峰过后，上游水位回落，再继续修筑缺口。

预留缺口的宽度和高度取决于导流设计流量、其他泄水建筑物的泄水能力、建筑物的结构特点和施工条件等。

采用底坎高程不同的缺口时，高低缺口单宽泄量相差过大可能引起高缺口向低缺口的侧向泄流。为避免这种压力分布不匀的斜向卷流，需要适当控制高低缺口间的高差，其高差以不超过 4～6 m 为宜。

在修建混凝土坝（特别是大体积混凝土坝）时，由于这种导流方法比较简单，因此常被采用。

（3）束窄河床和明渠导流

分段围堰法导流，当河水较深或河床覆盖层较厚时，纵向围堰的修筑是十分困难的。当河床一侧的河滩基岩较高且岸坡稳定又不太高陡时，采用束窄河床导流是较为合适的。有的工程将河床适当扩宽，形成导流明渠，就是在第一期围堰围护下先修建导流明渠，让河水由缩窄河床宣泄，同时将导流明渠河床侧的边墙用作第二期的纵向围堰；第二期工程施工时，水流经导流明渠下泄。

设计导流明渠时，必须重视下述问题：

①明渠的糙率。它不但关系到渠身尺寸的大小、导流费用的高低，而且关系到整个工程导流能否顺利进行，因此需要认真对待。特别是在岩层中开挖不加衬砌的明渠时，往往对糙率的估计偏低。为确保导流计划的实施，应进行模型验证，并严格控制施工质量。

②明渠的出口消能。明渠的泄流量较大，而渠宽相对较窄，水流对明渠出口附近河床覆盖层的冲刷威胁很大，为此在明渠的末端设置了消力墩及消力坎等消能设施。

③明渠与永久建筑物相结合。这已为很多实际工程所采用，例如，贵州与广西交界处南盘江上的天生桥二级水电站，布置在右岸的导流明渠，与永久建筑物中的引水明渠、取水口及引水隧洞明管段相结合，使导流工程的费用大为降低。整个导流明渠由三段组成：前段，从导流明渠进口（拦砂坎）至坝轴线，直接利用永久引水明渠，长 212 m，平均底宽 65 m。为了形成导流明渠进口，

拦砂坎只浇闸墩，底板以上的溢流堰安排在后期浇筑；中段，由引水隧洞取水口和明管段组成，长 124 m，底宽 50 m，为了形成明渠，明管段仅浇筑左边墙和右岸护坡，明管段本身混凝土留至后期施工；后段，专为导流需要而设置的明渠，长 174 m，底宽 40～50 m。三段总长 510m。

上述三种后期导流方式，一般只适用于混凝土坝，特别是重力式混凝土坝枢纽。对于土石坝或非重力坝枢纽，若采用分段围堰法导流，则常与河床外的隧洞导流、明渠导流等方式相配合。

（二）全段围堰法导流

全段围堰法导流，就是在河床主体工程的上下游各建一道断流围堰，使水流经河床以外的临时泄水道或永久泄水道下泄。主体工程建成或接近建成时，再将临时泄水道封堵。

采用这种导流方式，当在大湖泊出口处修建闸坝时，有可能只筑上游围堰，将施工期间的全部来水拦蓄于湖泊中；另外，在坡降很陡的山区河道上，当泄水道出口的水位低于基坑处河床高程时，也无须修建下游围堰。

全段围堰法导流，其泄水道类型通常有以下几种：

1.隧洞导流

隧洞导流是在河岸山体中开挖隧洞，在基坑上下游修筑围堰，水流经隧洞下泄。

导流隧洞的布置，取决于地形、地质、枢纽布置以及水流条件等。具体要求和水工隧洞类似。但必须指出，为了提高隧洞单位面积的泄流能力，减小洞径，应注意改善隧洞的过流条件。

平面布置原则：

①隧洞进出口应与上下游水流平顺衔接，与河道主流的交角以 30°左右为宜；

②有条件的，隧洞最好布置成直线，若有弯道，则其转弯半径以大于 5 b（b 为洞宽）为宜；

③隧洞进出口与上下游围堰之间要有适当距离，一般宜大于 50 m，以防隧洞进出口水流冲刷围堰的迎水面；

④一般导流临时隧洞，若地质条件良好，可不作专门衬砌。为降低糙率，应推广光面爆破，以提高泄量，降低隧洞造价；

⑤当多条隧洞同时布置时，两条隧洞轴线间距宜大于 2 倍的径或洞宽。

一般山区河流，河谷狭窄，两岸地形陡峻，山岩坚实，采用隧洞导流较为普遍。但隧洞的泄流能力有限，汛期洪水宣泄常需另找出路，如允许基坑淹没或与其他导流建筑物联合泄流。隧洞是造价比较昂贵、施工比较复杂的地下建筑物，所以导流隧洞应尽量与泄洪洞、引水洞、尾水洞、放空洞等永久隧洞相结合。

2.明渠导流

明渠导流是在河岸上开挖渠道，在基坑上下游修筑围堰，水流经渠道下泄。

导流明渠的布置，一定要保证水流顺畅，泄水安全，施工方便，缩短轴线，减少工程量。布置原则：

①明渠进出口应与上下游水流平顺衔接，与河道主流的交角以 30°左右为宜；

②为保证水流畅通，明渠转弯半径应大于 5 b（b 为渠底宽度）；

③明渠进出口与上下游围堰之间要有适当的距离，一般以 50～100 m 为宜，以防明渠进出口水流冲刷围堰的迎水面；

④为减少渠中水流向基坑内入渗，明渠水面到基坑水面之间的最短距离宜大于 2.5～3.0 H（H 为明渠水面到基坑水面的高差，以米计）。

明渠导流，一般适用于岸坡平缓的平原河道。在规划时，应尽量利用有利条件，以取得良好的经济效益，如利用当地老河道，或裁弯取直开挖明渠，或与永久建筑物相结合。

3.涵管导流

涵管导流一般在修筑土坝、堆石坝工程中采用。

涵管通常布置在河岸岩滩上，其位置常在枯水位以上，这样可在枯水期不修围堰或只修小围堰，先将涵管筑好，然后再修上下游全段围堰，将水流导入涵管下泄。涵管一般是钢筋混凝土结构。当有永久涵管可以利用时，采用涵管导流是合理的。

在某些情况下，可在建筑物岩基中开挖沟槽，必要时加以衬砌，然后封上混凝土或钢筋混凝土顶盖，形成涵管。利用这种方法，往往可以获得良好的经济效益。

涵管的泄水能力较低，一般仅用于导流流量较小的河流上，或只用来担负枯水期的导流任务。

为了防止涵管外壁与坝身防渗体之间的接触渗流，可在涵管外壁每隔一定距离设置截流环，以延长渗径，降低渗透坡降，减少渗流的破坏作用。此外，必须严格控制涵管外壁防渗体填料的压实质量。涵管管身的温度缝或沉陷缝中的止水也必须认真对待。

（三）淹没基坑法导流

这是一种辅助导流方法，在全段围堰法和分段围堰法中均可使用。山区河流的特点是洪水期流量大、历时短，而枯水期流量较小，水位暴涨暴落、变幅很大。

例如，江西上犹江水电站，坝型为混凝土重力坝，坝身允许过水，其所在河道正常水位时水面仅宽 40 m，水深约 6～8 m，当洪水来临时，河宽增加不大，水深却增加到 18 m。若按一般导流标准要求来设计导流建筑物，则不是挡水围堰修得很高，就是泄水建筑物的尺寸很大，但该标准的使用期不长，显然是不经济的。在这种情况下，可以考虑采用淹没基坑的导流方法，即洪水来临时围堰过水，基坑被淹没，河床部分停工，待洪水退落，围堰挡水时再继续施工。这种方法，基坑淹没所引起的停工天数不长，施工进度能保证，在河道泥沙含量不大的情况下，导流总费用较少，一般是合理的。

在实际工作中，由于枢纽布置、建筑物形式以及施工条件的不同，必须进行恰当的组合，灵活应用，这样才能合理解决一个工程在整个施工期间的导流问题。

底孔和坝体缺口泄流，并不只适用于分段围堰法导流，在全段围堰法后期导流时，也常有采用；同样，隧洞和明渠泄流，并不只适用于全段围堰法导流，在分段围堰法后期导流时，也常有应用。因此，选择一个工程的导流方式，必须因时、因地制宜，绝不能机械套用。

实际工程中所采用的导流方式和泄水建筑物形式，除了上面提到的，还有其他形式。例如，在平原河道河床式电站枢纽中，利用电站厂房导流；在有船闸的枢纽中，利用船闸闸室导流；在小型工程中，如果导流设计流量较小，则可以采用穿过基坑架设渡槽的导流方法。

三、选择施工导流的方法

（一）选择导流方法时需考虑的主要因素

1.水文条件

河流的流量大小、水位变化的幅度、全年流量的变化情况、枯水期的长短、汛期的延续时间、冬季的流冰及冰冻情况等因素均直接影响施工导流方案的选择。一般来说，对于河床宽、流量大的河流，宜采用分段围堰法导流。而对于水位变化幅度较大的山区河流，可采用允许基坑淹没的导流方法，在一定时期内通过过水围堰和淹没基坑来宣泄洪峰流量。对于枯水期较长的河流，可以充分利用枯水期安排施工。但对于流冰的河流，需充分考虑流冰的宣泄问题，以免流冰壅塞，影响泄流，对导流建筑物造成破坏。

2.地形条件

坝区附近的地形条件，对导流方案的选择有很大影响。对于河床宽阔的河流，特别是在施工期间有通航、过筏等要求的河流，宜采用分段围堰法导流。当河床中有天然石岛或沙洲时，采用分段围堰法导流，更有利于导流围堰的布置，特别是纵向围堰的布置。

3.地质及水文地质条件

河流两岸及河床的地质条件对施工导流方案的选择与导流建筑物的布置有直接的影响。如果河流一岸或两岸岩石坚硬、风化层薄，且有足够的抗压强度，则适合选用隧洞导流。如果岩石的风化层厚且破碎，或有较厚的沉积滩地，则适合采用明渠导流。当采用分段围堰法导流时，由于河床束窄，减小了过水断面的面积，因此水流流速增大。为了使河床不受大的冲刷，不把围堰基础淘空，需根据河床地质条件来决定河床可能束窄的程度。岩石河床的抗冲刷能力较强，河床的束窄程度较大，甚至可以达到88%，流速可以增加到7.5 m/s；但对于覆盖较厚的河床，其抗冲刷能力较差，束窄程度都不到30%，流速仅允许为3.0 m/s。

4.水工建筑物的形式及其布置

水工建筑物的形式和布置与导流方案是相互影响的，因此在决定建筑物的形式和枢纽布置的同时，要综合考虑并拟定施工导流方案，且在选定导流方案时，需充分考虑利用水工建筑物和枢纽布置方面的特点。当枢纽中有隧洞、渠道、涵管、泄水孔等永久泄水建筑物时，在选择导流方案时应该尽量加以利用。在设计永久泄水建筑物的断面尺寸并拟定布置方案时，要充分考虑施工导流的要求。

例如已建成的平班水电站，一期先围右岸漫滩，施工右岸厂房及右岸接头重力坝，河水由左岸河床导流；二期主要围护左侧主河槽，进行溢流坝及左岸重力坝的施工，由布置于安装间底部的导流底孔导流。在采用分段围堰法修建混凝土坝枢纽时，可以充分利用水电站与混凝土坝之间或混凝土坝溢流段与非溢流段之间的隔墙作为纵向围堰的一部分，以减少导流建筑物的工程量。

5.施工方法、施工进度

在水利水电工程施工中，施工进度与导流方案有着十分密切的关系，通常需根据施工导流方案来安排施工进度。导流建筑物的完工期限、截断河床水流的时间，坝体拦洪的期限、封堵临时泄水建筑物的时间，以及水库蓄水发电的时间，均是对施工进度起控制作用的关键性因素，而各项工程的施工方法和施工进度又直接影响到各时段导流任务的合理性。施工方法、施工进度和导流方法三者是密切相关的，在进行导流设计时必须充分考虑。

（二）工程实例分析

1.工程概况

某水利枢纽位于某江水系干流的下游河段，是某江下游河段某省境内的最后一个梯级。枢纽坝线横跨两岛三江，坝顶全长 3 350 m，坝顶高程 34.8 m，最大坝高 49.8 m。主要建筑物从右到左为外江右岸土石坝段、双线千吨级船闸、外江左岸接头重力坝段、外江泄水闸、外江发电厂房、过鱼道、外江开关站、中江右岸接头重力坝段、中江泄水闸、中江左岸接头重力坝段、某岛土石坝段、内江右岸接头重力坝段、内江孔泄水闸、内江发电厂房、内江左岸接头重力坝段、内江开关站及内江左岸土石坝段等，属于一等工程。

枢纽所在地属亚热带季风区，且流域面积大，暴雨频繁，洪水往往由流域多次连续暴雨形成，洪水主要特点是洪水峰高量大、历时长、洪水过程多呈复峰型。一般较大的洪水过程都在 30～40 d，其中 15 d 洪量占 60%以上。枢纽干流河段的洪水期为 5～10 月，大洪水多出现在 6～8 月。一般每年 9 月进入后汛期，到 10 月下旬汛期基本结束。历年实测洪水最大流量 54 500 m³/s，相应水位 29.8 m，历年实测最小流量 582 m³/s，相应水位约 5.0 m。枯水期一般流量约为 1 600 m³/s，相应水位约 5.8 m，一般洪枯水位变幅 16～18 m。

坝址区为低山丘陵地区，地势平坦开阔。沿江一级阶地前缘、角洲和某岛的两侧，由于流水冲刷，塌岸较发育。两岸丘陵山坡，沿花岗岩全风化带岩体内的陡倾角裂隙发育新生冲沟。坝址基岩为燕山早期侵入花岗岩，河床和一至四级阶地为第四系地层覆盖，两岸山丘则为花岗岩风化壳或坡残积层。

2.施工导流方法选用分析

根据水文气象及地形、地质资料，该河洪水期流量大，洪水期和枯水期流量相差大，水位变化幅度较大（16～18 m），河床宽阔，采用分段围堰法导流是很适宜的。并且河床中有两个天然沙洲，非常有利于导流围堰的布置，可以用来做天然的纵向围堰，以减少施工导流的工程量。

本工程是以发电为主，兼有航运等综合利用效益的大型水利枢纽工程。根据工程规模和施工要求分析，基坑采用全年施工为好，但某江干流洪水量大，导流方案的选择应力求提前发电受益、缩短总工期、保证施工期通航、尽量减少上游淹没损失。为了解决外江及内江在施工期泄洪的问题，采用了二期外江左侧厂房围堰围护全年施工、三期内江左侧厂房围堰围护全年施工，以及过水土石围堰围中江半年施工，从而确保了基坑全年施工的安全，并尽量减少了临时工程投资。

3.施工导流方法的采用

本工程采用 3 段围堰、全年和半年施工相结合的导流方式：一期外江采用不过水土石围堰，全年施工，由中江和内江天然河道导流，利用中江天然河道通航。二期当外江闸坝具备过流条件时，于第二年末拆除外江全年土石围堰，使外江左侧厂房在全年围堰围护下继续施工；同时，采用不过水土石围堰围内江，全年施工；由外江闸和中江导流，中江天然河道导航。三期内江基坑在内江不过水土石围中江，半年施工，汛期由外江水闸、船闸、冲沙闸和中江过水土石围堰。

该水利枢纽施工导流工程是一个典型实例，采用分段围堰，全年和半年施工相结合的导流方法，既能保证工程提前发电，减少上游淹没，又能满足施工期泄洪的要求，为工程带来了良好的经济效益。

施工导流方案的选择，需要根据工程的具体条件进行全面的分析比较，不仅要分析前期导流，还要对中、后期的导流作全面分析。分析导流方案时，不能仅仅从工程造价来衡量，还需要从施工总进度、施工交通与布置、主体工程布置以及其他国民经济的要求等方面进行全面的技术经济比较，主要体现在以下4个方面：①整个工程施工进度快、工程短、造价低，尽可能地压缩前期投资，尽快发挥工程投资效益；②能确保主体工程施工安全、施工强度均衡、施工时相互干扰小，能保证施工主动性；③导流建筑物简单易行，工程量小、造价低、速度快；④能满足国民经济各部门的要求。

总的来说，一个优越的施工导流方案，不会只采用单一的导流方法，而是几种导流方法组合起来运用，以取得最佳的技术经济效果。

第二节　截流施工

在施工导流中，只有截断原河床水流，才能把河水引向导流泄水建筑物下泄，在河床中全面开展主体建筑物的施工，这就是截流。截流戗堤一般与围堰相结合，因此截流实际上是在河床中修筑横向围堰工作的一部分。在大江大河中截流是一项难度较大的工作。

一般说来，截流施工的过程为：先在河床的一侧或两侧向河床中填筑截流戗堤，这种向水中筑堤的工作叫作进占。戗堤将河床束窄到一定程度，就形成了流速较大的龙口。封堵龙口的工作称为合龙。在合龙开始以前，如果龙口河床或戗堤端部容易被冲毁，则应采取防冲措施对龙口加固，如对龙口河床进行护底、对戗堤端部进行防冲加固处理等。合龙以后，龙口部位的戗堤虽已高出水面，但其本身依然漏水，因此应在其迎水面设置防渗设施。在戗堤全线上设置防渗设施的工作叫闭气。所以，整个截流过程包括戗堤的进占、龙口范围的加固、合龙和闭气等工作。截流以后，再在这个基础上，对戗堤进行加高培厚，修成围堰。

截流在施工导流中占有重要的地位，如果截流不能按时完成，就会延误整个河床部分建筑物的开工日期；如果截流失败，失去了以水文年计算的良好截流时机，则可能拖延工期达一年，在通航河流上甚至严重影响航运。所以，在施工导流中，常把截流看作一个关键性环节，它是影响施工进度的一个控制项目。

截流之所以被重视，是因为截流本身无论是在技术上还是在施工组织上都具有相当的艰巨性和复杂性。为了成功截流，必须充分掌握河流的水文特性和河床的地形、地质条件，掌握在截流过程中水流的变化规律及其对截流的影响。同时，必须在非常狭小的工作面上以相当大的施工强度在较短的时间内进行截流的各项工作，为此必须严密组织施工。对于大型或重要的截流工程，事先必须进行周密的设计和水工模型试验，对截流工作作出充分的论证。此外，在截流开始之前，还要切实做好器材、设备和组织上的充分准备。

1981 年 1 月，长江葛洲坝工程仅用 35.6 小时就在 4 720 m³/s 流量下胜利截流，为在大江大河上进行截流，积累了丰富的经验。1997 年 11 月三峡工程大江截流和 2002 年 11 月三峡工程三期导流明渠截流成功，标志着中国截流工程的实践已经处于世界领先水平。

一、截流的基本方法

河道截流有立堵法、平堵法、立平堵法、平立堵法、下闸截流以及定向爆破截流多种方法，但基本方法为立堵法和平堵法两种。

（一）立堵法截流

立堵法截流是将截流材料从龙口一端向另一端，或从两端向中间抛投进占，逐渐束窄龙口，直至全部拦断。截流材料通常用自卸汽车在进占戗堤端部直接卸料入水，个别巨大的截流材料也有用起重机、推土机投放入水的。

立堵法截流不需要在龙口架设浮桥或栈桥，准备工作比较简单，费用较低。但截流时龙口的单宽流量较大，出现的最大流速较高，而且流速分布很不均匀，需用单个重量较大的截流材料。截流时工作前线狭窄，抛投强度受到限制，施工进度受到影响。根据国内外截流工程的实践和理论研究，立堵法截流一般适用于大流量、岩基或覆盖层较薄的岩基河床。对于软基河床，只要护底措施得当，采用立堵法截流也同样有效。例如，宁夏青铜峡水利枢纽工程截流时，河床覆盖层厚 8～12 m，采用护底措施后，最大流速虽达 5.52 m/s，但未遇特殊困难就取得立堵截流的成功。立堵法截流是中国的一种传统方法，在大、中型截流工程中，一般都采用立堵法截流，如著名的三峡工程大江截流和三峡工程三期导流明渠截流。美国自 20 世纪 50 年代以来的 15 个大、中型截流工程中有 8 个用立堵法截流。由此可见，立堵法截流在国内外得到了广泛的应用，成为截流的主要方法。

（二）平堵法截流

平堵法截流事先要在龙口架设浮桥或栈桥，用自卸汽车沿龙口全线从浮桥或栈桥上均匀地逐层抛填截流材料，直至戗堤高出水面。因此，平堵法截流时，龙口的单宽流量较小，出现的最大流速较低，且流速分布比较均匀，截流材料单个重量也较小，截流时工作前线长，抛投强度较大，施工速度较快。平堵法截流通常适用在软基河床上。

一般说来，平堵法需架栈桥或浮桥，在通航河道上会碍航，且其技术复杂、费用较高，因此中国大型工程除大伙房、二滩等少数工程外，都采用立堵法截流。截流设计首先应该根据施工条件，充分研究两种方法对截流工作的影响，通过试验研究和分析比较来选定。有的工程亦有先用立堵法进占，而后在小范围龙口内用平堵法截流（立平堵法）。严格说来，平堵法都是先以立堵进占开始，而后平堵，类似立平堵法，不过立平堵法的龙口较窄。

二、截流日期和截流设计流量

截流年份应结合施工进度的安排来确定。

截流年份内截流时段的选择，既要把握截流时机，选择在枯水流量、风险较小的时段进行；又要为后续的基坑工作和主体建筑物施工留有余地，不影响整个工程的施工进度。

在确定截流时段时，应考虑以下要求：

（1）截流以后，需要继续加高围堰，完成排水、清基、基础处理等大量基坑工作，并应把围堰或永久建筑物在汛期前抢修到一定高程以上。为了保证这些工作（截流后续工作）顺利完成，截流时段应尽量提前。

（2）在通航的河流上进行截流，截流时段最好选择在对航运影响最小的时段内。因为截流过程中，航运必须停止，即使船闸已经修好，也因截流时水位变化较大，必须停航。

（3）在北方有冰凌的河流上，截流不应在流冰期进行。因为冰凌很容易堵塞河道或导流泄水建筑物，壅高上游水位，给截流带来极大困难。

此外，在截流开始前，应修好导流泄水建筑物，并做好过水准备。例如，清除影响泄水建筑物运用的围堰或其他设施，开挖引水渠，完成截流所需的一切材料、设备、交通道路的准备等。

综上所述，截流时段一般多选在枯水期初，流量已有明显下降的时候，而不一定选在流量最小的时刻。但是，在截流设计时，根据历史水文资料确定的枯水期和截流流量与截流时的实际水文条件往往有一定出入。因此，在实际施工中，还必须根据当时的水文气象预报及实际水情分析进行修正，最后确定截流日期。

龙口合龙所需的时间往往很短，一般从数小时到几天不等。为了估计该时段可能发生的水情，做好截流准备，应选择合理的截流设计流量。一般可按工程的重要程度，设计时选用截流时期内 5～10 年一遇的旬或月平均流量。若水文资料不足，也可用短期的水文观测资料或根据条件类似的工程来选择截流设计流量。无论用什么方法确定截流设计流量，都必须根据当时实际情况和水文气象预报加以修正，按修正后的流量进行各项截流的准备工作，作为指导截流施工的依据。

三、龙口位置和宽度

龙口位置的选择，与截流工作密切相关。选择龙口位置时要考虑下列一些技术要求：

（1）一般说来，龙口应设置在河床主流部位，方向力求与主流顺直，使截流前河水能较顺畅地经龙口下泄。但有时也可以将龙口设置在河滩上，此时，为了使截流时的水流平顺，应在龙口上、下游顺河流流势，按流量大小开挖引河。龙口设在河滩上时，一些准备工作就不必在深水中进行，这对确保施工进度和施工质量均较为有利。

（2）龙口应选择在耐冲刷河床上，以免截流时因流速增大而引起过分冲刷。如果龙口段河床覆盖层较薄，则应清除；否则，应进行护底防冲。

（3）龙口附近应有较宽阔的场地，以便布置截流运输路线，制作、堆放截流材料。

原则上龙口宽度应尽可能窄些，这样可以减少合龙工程量，缩短截流延续时间，但以不引起龙口及其下游河床的冲刷为限。为了提高龙口的抗冲能力，保证戗堤安全，必要时须对龙口加以保护。龙口的保护包括护底和裹头。护底一般采用抛石、沉排、竹笼、柴石枕等。裹头就是用石块、钢筋石笼、草包、竹笼、柴石枕等把戗堤的端部保护起来，以防被水流冲塌。裹头多用于平堵戗堤两端或立堵进占端对面的戗堤。龙口宽度及其防护措施，可根据相应的流量及龙口的抗冲流速来确定。在通航河道上，当截流准备期通航设施尚未投入运用时，船只仍需在截流前由龙口通过。这时龙口宽度不能太窄，流速也不能太大，以免影响航运。例如葛洲坝工程的龙口，由于考虑通航流速不能大于 3.0 m/s，所以龙口宽度达 220 m。

四、截流材料和备料量

（一）截流材料尺寸

在截流中，合理地选择截流材料的尺寸或重量，对于截流成功和截流费用的节省具有重大意义。截流材料的尺寸或重量取决于龙口的流速。各种不同材料的适用流速，即抵抗水流冲动的经验流速见表 3-2。

表 3-2　截流材料的适用流速

截流材料	适用流速（m/s）	截流材料	适用流速（m/s）
土料	0.5～0.7	3 t 重大块石或钢筋石笼	3.5
20～30 kg 重石块	0.8～1.0	4.5 t 重混凝土六面体	4.5
50～70 kg 重石块	1.2～1.3	5 t 重大块石，大石串或钢筋石笼	4.5～5.5
麻袋装土（0.7 m×0.4 m×0.2 m）	1.5		
Φ0.5×2 m 装石竹笼	2.0	12～15 t 重混凝土四面体	7.2
Φ0.6×4 m 装石竹笼	2.5～3.0	20 t 重混凝土四面体	7.5
Φ0.8×6 m 装石竹笼	3.5～4.0	Φ1.0×15 m 柴石枕	约 7～8

（二）截流材料类型

截流材料类型的选择，主要取决于截流时可能发生的流速，以及工地开挖、起重、运输设备的能力，一般应尽可能就地取材。在黄河上，长期以来用梢料、麻袋、草包、石料、土料等作为堤防溃口的截流堵口材料。在南方，如四川都江堰，则常用卵石竹笼、砾石和枵槎等作为截流堵河分流的主要材料。国内外大江大河截流的实践证明，块石是截流的最基本材料。此外，当截流水力条件较差时，还须使用人工块体，如混凝土六面体、四面体、四脚体及钢筋混凝土构架以及钢筋笼、合金网兜等。

（三）备料量

为确保截流既安全顺利，又经济合理，正确计算截流材料的备料量是十分必要的。备料量通常按设计的戗堤体积再增加一定裕度，主要是考虑到堆存、运输中的损失，水流冲失，戗堤沉陷以及可能发生比设计更坏的水力条件等。但实践中，常因估计不准而使截流材料备料量均超过实际用量，少者多余 50%，多则达 400%。

造成截流材料备料量过大的原因主要有以下几点：

第一，截流模型试验的推荐值本身就包含了一定安全裕度，截流设计提出的备料量又增加了一定富裕，而施工单位在备料时往往在此基础上又留有余地。

第二，水下地形不太准确，在计算戗堤体积时，常从安全角度考虑取偏大值。

第三，设计截流流量通常大于实际出现的流量等。

如此层层加码，处处考虑安全富裕，即使像青铜峡工程的截流流量，实际大于设计，仍然出现备料量比实际用量多 78.6%的情况。因此，如何正确估计截流材料的备用量，是一个很重要的课题。当然，备料恰如其分也不大可能，需留有余地。但对剩余材料，应合理筹划，安排好用处，特别像四面体等人工材料，大量弃置，既浪费又影响环境，可考虑用于护岸或其他河道整治工程。

第三节　施工度汛及后期水流控制

一、施工度汛

（一）坝体拦洪标准

经过多个汛期才能建成的坝体工程，用围堰来挡汛期洪水显然是不经济的，且安全性也未必好，因此对于不允许淹没基坑的情况，常采用低堰挡枯水、汛期由坝体临时断面拦洪的方案，这样既减少了围堰工程费用，拦洪度汛标准也可提高，只是增加了汛前坝体施工的强度。

坝体拦洪首先需确定拦洪标准，然后确定拦洪高程。坝体施工期临时度汛的洪水标准，应根据坝型和坝体升高后形成的拦洪蓄水库库容来确定。

在主体工程为混凝土坝的枢纽中，若采用两段两期围堰法导流，当第二期围堰放弃以后，未完建的混凝土建筑物，就不仅要负担宣泄导流设计流量的任务，还要起一定的挡水作用。在主体工程为土坝或堆石坝的枢纽中，若采用全段围堰隧洞或明渠导流，则在河床断流以后，常常要求在汛期到来以前，将坝体填筑到拦蓄相应洪水流量的高程，也就是拦洪高程，以保证坝身能安全度汛。此时，主体建筑物开始投入运用，已不需要围堰保护，水库亦拦蓄有一定水量。显然，其导流标准与临时建筑物挡水时应有所不同。坝体施工期临时度汛的导流标准，应视坝型和拦洪库容的大小，根据《水利水电工程施工组织设计规范》而定。

当导流泄水建筑物已经封堵，而永久泄洪建筑物尚未具备设计泄洪能力时，坝体度汛的导流标准又有所相同，具体应视坝型及其级别而定。显然，汛前坝体上升高度应满足拦洪要求，帷幕灌浆及接缝灌浆高程应能满足蓄水要求。

洪水标准确定以后，就可通过调洪演算计算拦洪水位，再考虑安全超高，即可确定坝体临时拦洪高程。

（二）度汛措施

根据施工进度安排，若坝体在汛期到来之前不能达到拦洪高程，就应视采用的导流方法、坝体能否溢流及施工强度，周密细致地考虑度汛措施。允许溢流的混凝土坝或浆砌石坝，可采用过水围堰，也可在坝体中预设底孔或缺口，并将坝体其余部分填筑到拦洪高程，以保证汛期继续施工。

对于不能过水的土坝、堆石坝可采取下列度汛措施：

1.抢筑坝体临时度汛断面

当用坝体拦洪导致施工强度太大时，可抢筑临时度汛断面。但应注意以下几点：

（1）断面顶部应有足够的宽度，以便在非常紧急的情况下仍有余地抢筑临时度汛断面。

（2）度汛临时断面的边坡稳定安全系数不应低于正常设计标准。为防止坍坡，必要时可采取简单的防冲和排水措施。

（3）斜墙坝或心墙坝的防渗体一般不允许采用临时断面。

（4）上游护坡应按设计要求筑到拦洪高程，否则应考虑临时的防护措施。

2.采取未完建（临时）溢洪道溢洪

若采用临时度汛断面仍不能在汛前达到拦洪高程，则可采用降低溢洪道底槛高程或开挖临时溢洪道溢洪，但要注意防冲措施得当。

二、施工后期水流控制

当导流泄水建筑物完成导流任务，整个工程进入完建期后，必须有计划地进行封堵，使水库蓄水，以使工程按期受益。

自蓄水之日起至枢纽工程具备设计泄洪能力为止，应按蓄水标准分月计算水库蓄水位，并按规定防洪标准计算汛期水位，确定汛前坝体上升高程，确保坝体安全度汛。

施工后期水库蓄水应和导流泄水建筑物封堵统一考虑，并充分分析以下条件：

（1）枢纽工程提前受益的要求；

（2）与蓄水有关工程项目的施工进度及导流工程封堵计划；

（3）库区征地、移民和清库的要求；

（4）水文资料、水库库容曲线和水库蓄水历时曲线；

（5）要求防洪标准，泄洪与度汛措施及坝体稳定情况；

（6）通航、灌溉等下游供水要求；

（7）有条件时，应考虑利用围堰挡水受益的可能性。

计算施工期蓄水历时应扣除核定的下游供水流量。蓄水日期按以上要求统一研究确定。

水库蓄水通常按保证率为75%～85%的年流量过程线来制定。从发电、灌溉航运及供水等部门所提出的运用期限要求，反推算出水库开始蓄水的时间，也就是封孔日期，据各时段的来水量与下泄量和用水量之差、水库库容与水位的关系曲线，就可得到水库蓄水计划，即库水位和蓄水历时关系曲线。它是施工后期进行水流控制、安排施工进度的重要依据。

封堵时段确定以后，还需要确定封堵时的施工设计流量，可采用封堵期5～10年重现期的月或旬平均流量，或按实测水文统计资料分析确定。

导流用的临时泄水建筑物，如隧洞、涵管、底孔等，都可利用闸门封孔，常用的封孔门有钢筋混凝土叠梁闸门、钢筋混凝土整体闸门、钢闸门等。

第四章　水利工程基础施工

第一节　防渗墙施工

作为基础设施，水利建筑工程具有工期长、范围广和施工难度大等特点，在实际的施工当中很容易产生一些问题。在水利工程中，渗漏是影响质量的主要因素，做好防渗工程对于水利建筑事业的发展有着非常重要的作用。

一、防渗墙的主要类型

一般来讲，在水利工程施工中，防渗墙是重要的建设形式，混凝土防渗墙是一种垂直类墙体，该类墙体会沿着相关坝体纵向延伸。在当前的混凝土防渗墙建设中，相关人员需向表面的透水基础进行造孔，再将混凝土放置在该孔中，继而形成带有混凝土材料的防渗墙体。在当前的水利工程施工中，相关人员可将混凝土防渗墙转化成混合类防渗墙、槽孔类防渗墙与桩柱类防渗墙，而根据墙体材料又可将其分成一般性混凝土防渗墙、灰浆性混凝土防渗墙、黏土性混凝土防渗墙、钢筋类混凝土防渗墙与塑性混凝土防渗墙等。在开展水利工程施工期间，相关人员又会发现多项成槽方式，借用不同的成槽形式，可将其分成锯槽类防渗墙、钻挖成槽类防渗墙、链斗成槽类防渗墙、射水成槽类防渗墙等。值得一提的是，混凝土防渗墙通常带有较高的抗渗标识，内部的弹性模量较低且强度适中，相关人员采用的混凝土拌和物也带有一定的坍落度与和易性等，在了解水利工程施工中各种类型的防渗墙后，可根据工程项目的具体情况选择不同类型的混凝土防渗墙。

二、混凝土防渗墙质量控制内容

（一）加强墙体的垂直度

在进行水利工程施工的过程中，为适时掌握混凝土防渗墙施工工艺的执行效果，相关人员需对该项目实行相应的质量控制。一般来讲，在执行水利工程内部的混凝土灌注前，相关人员需及时固定塔架与搅拌机，再利用经纬仪确认准确数值，使塔架的垂直度处在 1/1 000 中。为了保证塔架整体的垂直性，相关人员可在塔架内部安装自动报警系统。该类装置带有极强的灵敏性，当相关塔架或墙体出现倾斜时，该类报警装置会自动发出一定的信号，工作人员接收到该类信号后，会迅速赶到现场并根据具体的倾斜角度进行适时纠正，有效强化其内部的垂直性。

（二）完善墙体的搭接厚度

为促进桩机钻头与孔位防线对位的准确性，相关人员应利用适宜方式完善各墙体的搭接厚度，在完成相关搭接工作后，钻孔的实际误差要保证在 3 cm 以内。工作人员在进行实际操作时，钻头内径要保持在一定水平，利用钻头内径的增加，使墙体厚度与有关标准相符，继而高效控制防渗墙内部的搭接厚度。在完成墙体厚度的搭接工作后，相关管理人员还需派遣专业人员定期检查墙体内部各项数据指标，保证其数值始终处在国家标准范围内，从而提升水利工程项目墙体的安全性。

（三）高效控制截渗质量

在开展实际施工期间，工作人员会同时采用多个挤压泵，针对挤压泵的位置需提出一定的要求，即施工过程中的挤压泵要处在同一平行线，该类举措可有效增强浆液运输的合理性、科学性，使相关浆液正常运输。为保障浆液运输的稳定性，相关人员要利用科学仪器来管理不同状态的喷浆现象，安装带有监视喷浆功能的喷浆记录仪。若喷浆记录仪测出相关地层存有问题，则其喷浆幅度会出现一定程度的削弱，工作人员在查明真实情况后可适时增加泵排量，并借用该项工作的改进来提升水利工程项目内混凝土防渗墙的整体质量。

（四）优化防渗漏技术

在当前的水利工程建设中，混凝土渗漏属常见问题，在进行混凝土防渗墙施工中，相关人员需采用适宜的防渗漏技术。具体来说，在应用混凝土防渗漏技术的过程中，施工人员需利用该技术及时强化该类建筑的内部结构，利用对该项目的防渗漏控制，有效修正内部的渗漏位置。针对防渗漏技术的优化而言，技术人员需与施工人员共同勘察施工现场的环境因素与地质条件，利用对该类区域的控制来有效提高此类项目的施工水准，并以最少的人力、物力、财力投入获取最佳的施工效果。

三、混凝土防渗墙施工工艺在水利工程施工中的实际应用

（一）水利工程施工中的混凝土渗漏问题

为更好地探究出混凝土防渗墙施工工艺在水利工程施工中的应用效果，研

究人员以某水利工程项目的施工为例，全面研究混凝土防渗墙的施工全过程，适时找出施工期间遇到的问题，并探索出适宜的解决方案。

1.嵌岩问题

施工人员在应用嵌岩装置前，要用到多台大型起重设备，该类装置的施工特征为在开挖期间会遇到质地极为坚硬的岩石，应利用相关设备将该类岩石击碎，再借用这些破碎的岩石来合理控制深度，直至深度与相关标准相符。该水利工程项目在实际施工期间产生了一定的嵌岩问题，原因在于其深度处理的方案不合适，在进行岩石的重凿时，工作人员并未采用科学方法，而是凭借以往的经验，从而降低了该类工序的科学性，使冲击高度、次数与点数都处在不稳定的状态。

2.槽内漏失

若施工人员在挖槽期间遭遇覆盖层，则在较短时间内内部泥浆不会出现任何效果，此时混凝土槽中的孔壁存有坍塌隐患。项目管理人员发现该项问题后应高度重视，将相关土料及时回填到沟槽内，利用适宜的振捣工序进行科学处理。在继续开挖期间，若发现土层内仍存有漏失问题，相关人员则应在正式开挖前，采用膨润土浆开展适宜的浇灌工作。

3.防渗墙内部搭接厚度问题

在进行防渗墙的正式搭接前，施工人员需与设计人员进行交流、沟通，及时了解搭接的整体厚度，若搭接厚度不理想，则难以保证该类墙体的整体质量与安全防护，会给水利工程项目带来一定的安全隐患。一般来讲，与防渗墙搭接厚度相关的钻孔误差应不超过 3 cm。在发现水利工程内部混凝土防渗墙施工的多项问题后，施工人员应及时查出引发该类问题的原因，并采用合适、科学的措施来强化混凝土防渗墙的施工质量。

（二）施工前准备

在正式开展混凝土防渗墙施工前，相关人员应做好一定的施工前准备工作。一般来讲，为保障混凝土防渗墙的整体质量，无论是施工人员还是项目管理者，都需重视施工前期的准备工作。工程建设企业应派遣专业人员进入施工现场，利用相关勘测仪器采集该区域具体的地质信息，比如，专业人员可勘测土壤内部的主要成分、土质类型等，并利用该类数据来高效控制地基的承载能力，保证地基建设的安全性。在一个工程项目中地基的重要性不言而喻，工作人员在了解相关区域内部的承载力后，还要精准计算地基内部的各项数据信息，提升任意数据指标的准确度，从而使该工程项目的整体质量得到保证。此外，相关人员在正式施工前，还需及时测量该区域的地下水位，测量地下水中的静止混合水位，避免在施工过程中产生安全隐患。在完成相关数据的收集后，项目管理人员还需对施工准备进行合理监督，确保测量的各项数据指标的科学性。

（三）采用墙体浇筑技术

在使用墙体浇筑技术前，施工人员需进行合理的孔槽设计，该项操作可作用在砂卵石地层内。在进行钻槽孔施工期间，要先钻取主孔，再钻取副孔，继而完成孔槽的钻取，在当前的施工现场内该土层性质多为黏性土层，副孔数量要在 8 个以上。在正式进行混凝土浇筑前，施工人员要适时确认混凝土与泥浆的分离性，只有当二者处在分离状态时才能进行混凝土浇筑。导管内部的泥浆要放置在塑料泡沫片内，在注入混凝土期间，会将泥浆挤出。针对混凝土的浇筑作业，工作人员需在浇筑工作开始前就将导管放置在混凝土内部，深度可保持在 3～4 cm 范围内，每隔 30 min 就要进行一次测量，利用该项数据的精准度来保障混凝土浇筑的质量与科学性。

（四）加强防渗墙的内部根基

基于混凝土防渗墙内部极强的防水性能，且对地下水平荷载的抵抗程度较强，在当前的水利工程项目中应多使用该项施工工艺。施工人员在运用混凝土防渗墙技术期间，应对内部技术指标进行适宜调整，全面掌握防渗墙中的内部要求，及时强化防渗墙体的内部根基。在加强内部根基的过程中，施工人员需对该水利工程进行全面勘探，了解其最佳施工位置、施工深度等，在巩固内部根基期间需适时夯实混凝土防渗墙的基础，避免资源浪费。此外，在应用防渗墙施工技术期间，还要利用科学手段及时改进防渗墙的内部结构，适时增强墙体整体的承载力，借用竖向荷载的增加来提升防渗效果，该举措还能及时缩减防渗墙的高度，提高水利工程项目的施工效率。

（五）技术应用效果

一方面，借用混凝土防渗墙施工技术完成水利工程建设后，项目管理人员采用了试运行策略。在开展项目试运行期间，项目管理人员全面监察工程项目的运行质量与运行速度，适时审查施工时产生的各项安全问题，避免这些问题出现在以后的项目运行中。另一方面，在完成水利工程的试运行后，管理人员及时检测该项目内部的各环节质量，确保各个项目数据指标都与工程设计数据相符，提高项目建设质量。

综上所述，针对水利工程施工中的混凝土防渗墙施工技术来说，施工人员应适时了解其对应的施工方法，借助实地探测来掌握适宜的防渗墙施工技术，同时还需及时优化施工设计方案，从根源上确认项目施工质量，提高混凝土防渗墙的坚固性、稳定性。

第二节　砂砾石地层塑性砼防渗墙施工

水工建筑结构设计中，基础防渗透措施有多种，如砼防渗墙、高压旋喷、摆喷砼防渗墙、土工膜防渗等。重要的水工建筑物（如水电站）还设有深层防渗帷幕，有用钻孔灌浆形成地下深层防渗墙的。砂砾石地层塑性砼防渗墙施工适用于场地狭小的中小型水工建筑物。

一、工艺特点及适用范围

（一）工艺特点

（1）设备简单，对场地条件要求低，使用灵活方便。

（2）泥浆可循环利用，减少黏土资源的浪费。

（3）成孔质量较好，经济效益明显。

（二）适用范围

适用于松散冲洪积地层、有液化或淤泥质等复杂地层中，要求防渗墙深度≤50 m、墙体宽度在 0.6～1.0 m 范围内。

二、主要施工工艺

（1）平整场地：根据现场已有资料特别是地下水位资料，确定最低施工平台高程，进行场地平整，形成完整的施工现场。

（2）测量放线：根据设计图纸测放出防渗墙施工轴线。

（3）修筑砼导向槽：按施工方案修筑砼导向槽（槽的结构有木制、钢木混合式混凝土等形式，可根据实际条件合理确定）。

（4）划分施工槽段：根据砼浇筑强度，合理划分施工槽段，选取施工方法。常用施工方法为二期槽段分期施工法，接头处套接 0.6 倍墙宽。另外还有分槽段连续施工法，接头处套接一钻，形成连续墙。槽段长度均应根据墙体深度、厚度，地质水文情况，泥浆护壁能力，以及砼浇筑速度来确定。

（5）进行槽段施工（一、二期）。

三、施工步骤

根据划分的槽段长度，确定主孔钻孔数量、位置和副孔劈打长度，按照先施工主孔、后劈打副孔的顺序施工。主孔采用十字圆形铸钢钻头依次施工主孔，然后用鼓形钻头将剩余土体劈打修平。形成槽孔后，用钻机上下拉动槽头刷清理槽壁至合乎规范要求。成槽必须做到：槽形规范、槽宽合格、槽底和槽壁没有探头石和小墙。对于砂砾石地层，优先利用当地黏土资源制作泥浆。泥浆可由粉碎的黏土加水搅拌后，放置在泥浆池中充分水化制成，也可边钻孔边填黏土造浆。在钻进过程中，钻渣通过立轴离心式泥浆泵不断送入孔底的循环泥浆带出槽口外，并及时从沉淀池中捞取堆存，根据渣样准确判断地层变化，以指导施工。堆放的钻渣应及时清运出场外，以保持施工现场通畅。按常规的施工方法，一般还应配置掏渣桶，在必要时掏抽槽底钻渣。使用钻机型号为 C30，由钻头、机架、卷扬机三部分组成，钻头由 5T 慢速卷扬机牵引提升，钢丝绳自由悬挂，无动力下放，掘削的泥土混在泥浆中以正循环方式排出槽外。下钻应使吊索保持一定张力，引导钻头垂直成槽，下钻速度取决于泥渣的排出能力及土质的软硬程度。

（一）护壁泥浆制备工艺

采用自成泥浆护壁作业，只设沉淀池，泥浆池采用卧式双轴泥浆搅拌机。为满足使用要求，泥浆池的容积一般应为一个单元槽段挖掘量的 1.5～2.0 倍。泥浆应调至均匀，一般新配泥浆密度应控制在 1.01～1.05 t/m³，循环过程中泥浆控制在 1.25～1.30 t/m³，遇松散地层，泥浆密度可适当加大，浇筑混凝土时，槽内泥浆控制在 1.15～1.25 t/m³。在成槽过程中，要不断向槽内补充新泥浆，使其充满整个槽段。泥浆应保持高出地下水位 0.5 m 以上，亦不应低于导墙顶面 0.3 m。在同一槽段钻进，遇到不同地质条件和土层，要注重调整泥浆的配合比，以适应不同土质情况，防止塌方。

（二）成槽验收

按设计要求的槽深施工完毕，申请验收。一般的检验指标为槽宽、槽深、垂直度。

检验方法：除采用仪器测量方法外，比较简单且又适合现场使用的检验方法就是探笼法。根据槽段长度、槽宽尺寸用合适直径的钢筋焊制成矩形笼体。检验时，利用钻机吊起探笼，下入槽内至槽底，应达到笼体上下自如不挂槽壁，且轴线偏差不超标。

（三）清孔换浆

清孔换浆，指的是在混凝土浇筑前，清除槽内浆液中悬浮的钻渣和槽底的沉渣。正规的方法是，利用新鲜合格浆液，逐步置换槽内带浮渣的浆液，在置换的同时清出浮渣。比较适合施工现场的换浆方式，则是直接利用泥浆泵来循环浆液，将槽内浮渣和槽底沉渣带出槽外，直至浆中无明显粒状碎屑。换浆指标：密度 1.15～1.25 t/m³，黏度 25 S～30 S，含砂率小于 5%～10%。比较适合现场控制的方法，一般是用比重计直接测量泥浆密度，该方法既方便又简单，故较为常用。

（四）浇筑混凝土

1.混凝土配合比

常规混凝土防渗墙混凝土配合比均以塑性混凝土为主，此配合比适用于地下防渗墙自流成型施工柔性材料，它具有极低的弹性模量，抗拉强度高、防水抗渗性能好，能适应较大变形。这些特性使塑性混凝土防渗墙在荷载作用下墙内应力值很低，克服了刚性混凝土防渗墙易产生裂缝的缺点。低透水性的黏土和膨润土的加入，使混凝土具有大的流动性、黏聚性（坍落度18～20 cm，扩散度34～38 cm），并使得塑性混凝土的渗透系数接近甚至小于刚性的渗透系数，且有适当的强度，可以承受垂直方向的压应力和地下水的渗透压力。

2.混凝土浇筑

混凝土浇筑方案需根据现场具体条件确定。

方案一：拌和站生产，汽车水平运输，现场搭设浇筑平台，汽车直接卸入储料斗。

方案二：拌和站生产，汽车水平运输，现场利用吊车配料罐垂直运输，卸入储料斗。

方案三：条件许可时，拌和机设在现场的一定高度上，直接拌料送入储料斗。

建议在有拌和系统的条件下，优先选用方案一和方案二。用方案三施工，当砼料不合适时，难以处理。

一个槽段混凝土的首次灌注量，应按导管埋入混凝土内的深度不小于1.0 m计算。

开始浇筑时，同时拉开（两组）储料斗活门，混凝土料连续进入漏斗并冲开漏斗活板，顺导管冲入孔底。全部储料进入槽孔后，连续进行混凝土浇筑作业，砼上升速度不小于 2 m/h。

开浇后，立即测量槽内混凝土顶面高程，核对计算混凝土量与实际上升高度是否吻合。随着槽内混凝土面的上升，每隔 30 min 测量一次混凝土面的标高，并计算、核对深度（深度不小于 1.5 m，不大于 6.0 m）。严防将导管底口提出混凝土面。砼浇铸过程中，做好导管拆卸及砼浇筑记录。浇筑过程中要严格控制砼坍落度并按规范及时抽取试样，制作混凝土试件，每组样品不少于 3 个试块。

浇筑结束时，应及时拔出导管，清理并冲洗干净导管、漏斗、储料斗等浇筑设备，以备下一槽使用。

四、质量保证措施

（1）槽段施工时，钻孔的孔位正确，劈孔中心线均在同一轴线上。无特别地层条件，单槽底面宜在同一高程上，便于砼浇筑时施工控制。

（2）Ⅱ期槽段套接时，必须校正轴线，保证套接端的最小墙厚满足规范和设计要求。

（3）严格控制混凝土的投料、拌和环节，确保出口的混凝土料的质量。投料称量要准确，拌和时间宜长不宜短，强制式拌和机拌和时间大于 60 s。

（4）水平运输车辆应具备防漏浆条件，运到现场的混凝土料，不应该损失坍落度。

（5）浇筑强度宜尽量提高，满足槽内混凝土上升速度不小于 2.0 m/h 的规范要求。从混凝土拌和、运输、入仓等环节入手，加强协调管理，确保每个槽段按规范完成混凝土浇筑。

第三节　高压喷射灌浆施工

20 世纪 70 年代初，日本将高压水射流技术应用于软弱地层的灌浆处理，成为一种新的地基处理方法——高压喷射灌浆法。它是利用钻机造孔，然后将带有特制合金喷嘴的灌浆管下到地层预定位置，以高压把浆液和水、气高速喷射到周围地层，对地层介质产生冲切、搅拌和挤压等作用，同时被浆液置换、充填和混合，待浆液凝固后，就在地层中形成一定形状的凝结体。

通过各孔凝结体的连接，形成板式或墙式结构，不仅可以提高基础的承载力，而且成为一种有效的防渗体。由于高压喷射灌浆具有对地层条件适用性广、浆液可控性好、施工简单等优点，近年来在国内外都得到了广泛应用。中国已运用该技术处理了近百项防渗工程，所构筑的防渗板墙约百万平方米，在大颗粒地层、淤泥地层和堆石堤（坝）等场合，应用高压喷射灌浆技术具有显著的技术、经济效益。

一、高压喷射灌浆的作用

高压喷射灌浆的浆液以水泥浆为主，其压力一般在 10～30 MPa，它对地层的作用有以下几个方面：

（1）冲切掺搅作用。高压喷射流通过对原地层介质的冲击、切割和强烈扰动，使浆液扩散充填地层，并与土石颗粒掺混搅和，感化后形成凝结体，从而改变原地层结构和组分，达到防渗加固的目的。

（2）升扬置换作用。随高压喷射流喷出的压缩空气，不仅对射流的能量有维持作用，而且使孔内空气产生扬水效果，使冲击切割下来的地层细颗粒和碎屑升扬至孔口，空余部分由浆液代替，起到了置换作用。

（3）挤压渗透作用。高压喷射流的强度随射流距离的增加而减弱，至末端时虽不能冲切地层，但对地层仍能产生挤压作用；同时，喷射后的静压浆液对地层还产生渗透凝结层，有利于进一步提高抗渗性能。

（4）位移握裹作用。对于地层中的小块石，由于高压喷射能量大，以及有提升置换作用，因此浆液可填满块石四周空隙，并将其握裹；对于大块石或块石集中区，如果降低提升速度，提高喷射能量，则可以使块石产生位移，这样便能使浆液深入孔隙中。

二、高压喷射灌浆的施工方法

目前，高压喷射灌浆的基本方法有单管法、二管法、三管法及多管法等，它们各有特点，应根据工程要求和地层条件选用。

（1）单管法。采用高压灌浆泵以大于 20MPa 的高压将浆液从喷嘴喷出，冲击、切割周围地层，并产生搅和、充填作用，感化后形成凝结体。该方法施工简易，但有效范围小。

（2）双管法。有两个管道，分别将浆液和压缩空气直接射入地层，浆压为45~50MPa，气压为 1~1.5MPa。射浆具有足够的射流强度和比能，易于将地层加压密实。这种方法工效高，效果好，尤其适合处理地下水丰富、含大粒径块石及孔隙率大的地层。

（3）三管法。用水管、气管和浆管组成喷射杆，水、气的喷嘴在上，浆液的喷嘴在下。随着喷射杆的旋转和提升，先用高压水和气的射流冲击扰动地层，再以低压注入浓浆进行掺混搅拌。常用参数：水压 38~40MPa，气压0.6~0.8MPa，浆压 0.3~0.5MPa。

如果将浆液也改为高压（浆压为 20~30MPa）喷射，浆液可对地层进行二次切割、充填，其作用范围就更大。这种方法称为新三管法。

（4）多管法。其喷管包含输送水、气、浆管，泥浆排出管和探头导向管。采用超高压水射流（40 MPa）切削地层，形成的泥浆由管道排出，用探头测出地层中形成的空间，最后由浆液、砂浆、砾石等置换充填。多管法可在地层中形成直径较大的柱状凝结体。

三、施工程序与工艺

高压喷射灌浆的施工程序主要有造孔、下喷射管、喷射提升（旋转或摆动），最后成桩或墙。

（1）造孔。在软弱透水的地层进行造孔，应采用泥浆固壁或跟管（套管）的方法确保成孔。造孔机有回转钻机、冲击式钻机等。目前用得较多的是立轴式液压回转钻机。

为保证钻孔质量，孔位偏差应不大于 1～2 cm，孔斜率小于 1%。

（2）下喷射管。用泥浆固壁的钻孔，可以将喷射管直接下入孔内，直到孔底。用跟管钻进的孔，可在拔管前向套管内注入密度大的塑性泥浆，边拔边注，并保持液面与孔口齐平，直至套管拔出，再将喷射管下到孔底。

将喷嘴对准设计的喷射方向，不偏斜，是确保喷射灌浆成墙的关键。

（3）喷射提升。根据设计的喷射方法与技术要求，将水、气、浆送入喷射管，喷射 1～3 min；待注入的浆液冒出后，按预定的速度自下而上边喷射边转动、摆动，逐渐提升到设计高度。

第五章 水利工程土石方施工

第一节 土方工程施工

一、土方工程分类及其施工特点

（一）土方工程分类

根据土方工程的施工内容与方法的不同，土方工程有以下几种：

（1）场地平整：是指将天然地面改造成设计要求的平面所进行的土方施工。这类土方工程施工面积大，土方工程量大，应采用机械化作业。

（2）基坑（槽）开挖：是指开挖宽度在 3 m 以内，长宽比大于等于 3 的基槽，或长宽比小于 3，底面积在 20 m² 以内的基坑进行的土方开挖过程。这类土方开挖时，要求开挖的标高、断面、轴线准确，因此施工时，应制订合理的施工方案，尽量采用中小型施工机械，以提高生产率，加快施工进度，降低工程成本。

（3）基坑（槽）回填：基础完成后的基槽、房心需回填，为确保填方的强度和稳定性，必须正确选择填方土料与填筑方法。填筑应分层进行，尽量采用同类土填筑。填土必须具有一定的压实密度，以避免建筑物产生不均匀沉降。

（二）土方工程施工特点

土方工程是建筑工程施工的主要工程之一，其施工特点有以下几点：

（1）土方工程量大、劳动强度高。例如大型项目的场地平整，土方量可达数百万立方米，面积达数十平方千米，工期长。因此，为了减轻繁重的劳动强度，提高劳动生产率，缩短工期，降低工程成本，在组织土方工程施工时，应尽可能采用机械化或综合机械化方法进行施工。

（2）施工条件复杂。土方工程施工，一般为露天作业，土为天然物质，种类繁多。施工时受地下水文、地质、地下妨碍物、气候等因素的影响较大，不确定的因素较多，因此施工前必须做好各项准备工作，进行充分的调查研究，详细研究各种技术资料，制订合理的施工方案。

（3）受场地限制。任何建筑物都需要一定埋置深度，土方的开挖与土方的留置存放都受到施工场地的限制，特别是城市内施工，场地狭窄，周围建筑较多，往往由于施工方案不当，导致周围建筑设施不安全并失去稳定。因此，施工前必须详细了解周围建筑的结构形式以及各种管线的分布走向，熟悉地质技术资料，制订切实可行的施工安全方案，充分利用施工场地。

二、挖基础土方

（一）土方开挖方式

以机械挖土为主，土方外运。

（二）土方开挖的条件

（1）场地内施工放线测量完毕，控制点均埋设并已通过建筑单位、监理及有权单位验收。

（2）降水井施工完毕且降水已超过 5 d。

（3）人员安排，机械配备、保养就绪，卸土地点均已落实。

（4）现场运输道路准备完成，经检查能满足重型车辆行驶要求。

（5）照明、草袋、清扫等工作已安排就绪。

（三）开挖标高的控制及边坡监测

1.开挖标高的控制

基坑四周设置标高控制桩，测设标高控制线，以便随挖随测。测量放线人员准确测放基底及底板标高、轴线、基础的外形尺寸，开挖至基底标高后，进行修整清理，经自验无误后，请监理工程师复核。

2.边坡监测及安全防护措施

挖掘过程中，要对边坡进行监测，发现问题及时采取措施。基坑周边用钢管扣件做成高度为 900 mm 的栏杆。

（四）机械挖土施工

1.主要机具

挖土机械：挖土机、推土机、铲运机、自卸汽车等。

一般机具：铁锹（尖头与平头两种）、手推车、小白线、2 m 钢卷尺、坡度尺等。

2.作业条件

（1）土方开挖前，应根据施工方案的要求，将施工区域内的地下、地上障碍物清除和处理完毕。

（2）建筑物或构筑物的位置或场地的定位控制线（桩）、标准水平桩及开槽的灰线尺寸，必须经过检验合格，并办完预检手续。

（3）夜间施工时，应有足够的照明设施；在危险地段应设置明显标志，并要合理安排开挖顺序，防止错挖或超挖。

（4）开挖有地下水位的基坑（槽）、管沟时，应根据当地工程地质资料，采取措施降低地下水位。一般要降至低于开挖面0.5 m，才能开挖。

（5）施工机械进入现场所经过的道路、桥梁等，应事先经过检查，必要时做好加固或加宽等准备工作。

（6）选择土方机械，应根据施工区域的地形与作业条件、土壤类别与厚度、总工程量和工期综合考虑，以能发挥施工机械效率来确定，编好施工方案。

（7）施工区域运行路线的布置，应根据作业区域工作的大小机械性能、运距和地形等情况来确定。

（8）在机械施工无法作业的地方应配备专业人员。

3.操作工艺流程

确定开挖顺序和坡度→分段分层平均下挖→修边和清底。

（1）确定坡度。在天然湿度的土壤中，开挖基础坑（槽）和管沟时，当挖土深度不超过下列数值时，可不放坡、不加支撑。

①密实、中密的砂土或碎石类土（充填物为砂土）——1.0 m；

②硬塑、可塑的轻亚黏土及黏土——1.25 m；

③硬塑、可塑的黏土和碎石类土（充填物为黏性土）——1.5 m；

④坚硬性黏土——2.0 m。

超过上述规定深度，在5 m以内，当土具有天然湿度，构造均匀，水文地质条件好，且无地下水时，不加支撑的基坑（槽）和管沟，必须放坡。使用时间较长的临时性挖土方边坡坡度，应根据工程地质和边坡高度，结合当地同类土体的稳定坡度值确定。

（2）开挖基坑（槽）或管沟时，应合理确定开挖顺序、路线及开挖深度，然后分段分层平均下挖。

（3）采用推土机开挖大型基坑（槽）时，一般应从两端或顶端开始（纵向）推土，把土推向中部或顶端；暂时堆积，然后再横向将土推离坑（槽）的两侧。

（4）采用铲运机开挖大型基坑（槽）时，应纵向分行、分层按照坡度线向下铲挖，但每层的中心地段应比两边稍高一些，以防积水。

（5）采用反铲、拉铲挖土机开挖基坑（槽）或管沟时，施工方法有两种：

端头挖土法：挖土机从坑（槽）或管沟的端头，以倒退行驶的方法进行开挖。自卸汽车在挖土机的两侧装运土。

侧向挖土法：挖土机沿着坑（槽）边或管沟的一侧移动，自卸汽车在另一侧装运土。

（6）挖土机沿挖方边缘移动时，机械距离边坡上缘的宽度不得小于基坑（槽）和管沟深度的 1/2。若挖土深度超过 5 m，则应按专业性施工方案来确定。

（7）在开挖过程中，应随时检查槽壁和边坡的状态。深度大于 1.5 m 的基坑（槽）或管沟，根据土质情况，应做好支撑的准备，以防坍塌。

（8）开挖基坑（槽）和管沟，不得挖至设计标高以下，若不能准确地挖至设计地基标高，可在设计标高以上暂留一层土不挖，以便在找平后，由人工挖出。

暂留土层：一般铲运机、挖土机挖土时，为 20 cm 左右；挖土机用反铲、正铲和拉铲挖土时以 30 cm 左右为宜。

（9）机械施工挖不到的土方，应由人工随时进行挖掘，并用手推车把土方运到机械挖到的地方，以便及时挖走。

（10）修边和清底。在距槽底设计标高 50 cm 槽帮处，找出水平线，钉上小木橛，然后用人工将暂留土层挖走。同时，由两端轴线（中心线）引桩拉通线（用小线或铅丝），检查距槽边尺寸，确定槽宽标准，以此修整槽边，清除槽底土方。槽底修理铲平后进行质量检查验收。

第二节　土石方开挖施工

一、岩基开挖施工

（一）施工测量

第一，督促施工单位整理齐全施工测量资料，主要内容包括：

（1）根据施工图纸和施工控制网点，测量定线并按实际地形测放开口轮廓位置的资料；在施工过程中，测放、检查开挖断面及高程的资料。

（2）测绘（或搜集）开挖前的原始地面线，覆盖层资料，开挖后的竣工建基面等纵、横断面及地形图。

（3）测绘的基础开挖施工场地布置图及各阶段开挖面貌图。

（4）单项工程各阶段和竣工后的土石方量资料。

（5）有关基础处理的测量资料。

第二，开口轮廓位置和开挖断面的放样应保证开挖规格，其精度应符合表5-1的要求。

表 5-1　放样点精度限差

项目	分类	
	覆盖层	岩石
平面（cm）	50	20
高程（cm）	25	10

第三，断面测量应符合下列规定：

（1）应平行主体建筑物轴线设置断面基线，基线两端点应埋标（桩）。正交于基线的各断面桩间距，应根据地形和基础轮廓确定，一般为 10～15 m。混凝土建筑物基础的断面应布设在各坝段的中线、分缝线上；弧线段应设立以圆弧中心为准的正交弧线断面，其断面间距的确定，除服从基础设计轮廓外，一般还应均分圆心角。

（2）断面间距用钢卷尺实量，实量各间距总和与断面基线总长的差值应控制在 500 m 以内。

（3）断面测量需设转点时，其距离可用钢卷尺或皮卷尺实量。若用视距观测，必须进行往测、返测，其校差应不大于 L/200。

（4）开挖中间过程的断面测量，可用经纬仪测量断面桩高程，但在岩基竣工断面测量时，必须以五等水准测定断面桩高程。

第四，基础开挖完成后，应及时测绘最终开挖竣工地形图以及与设计施工详图同位置、同比例的纵横剖面图。竣工地形图及纵横剖面图的规格应符合下列要求：

（1）原始地面（覆盖层和基岩面）地形图比例一般为 1/1 000～1/200。

（2）用于计算工程量（覆盖层和基岩面）的横断面图，纵向比例一般为 1/200～1/100，横向比例一般为 1/200～1/100。

（3）竣工基础横断面图纵、横比例一般为 1/200～1/100。

（4）竣工建基面地形图比例一般为 1/200，等高距可根据坡度和岩基起伏状况选用 0.2 m～0.5/1.0 m，也可仅测绘平面高程图。

（二）岩石基础开挖

（1）一般情况下，基础开挖应自上而下进行。当岸坡和河床底部同时施工时，应确保安全；否则，必须先进行岸坡开挖。未经安全技术论证和监理工程师批准，不得采用自下而上或造成岩体倒悬的开挖方式。

（2）为保证基础岩体不受开挖区爆破的破坏，应按留足保护层的方式进行开挖。在有条件的情况下，应先采取预裂防震，再进行开挖区的松动爆破。

当开挖深度较大时，可分层开挖。分层厚度可根据爆破方式、挖掘机械的性能等因素确定。

（3）基础开挖中，设计开口线外坡面、岸坡和坑槽开挖壁面时，若有不安全的因素，均应进行处理，并采取相应的防护措施。随着开挖高程的下降，应及时对坡（壁）面进行测量检查，防止欠挖。避免在形成高边坡后再进行坡面处理。

（4）遇到不良的地质条件时，为了防止因爆破而造成的过大震裂或滑坡等，对爆破孔的深度和最大一段起爆药量，应根据具体条件由施工、地质和设计单位共同研究，另行确定，实施之前必须报监理工程师审批。

（5）实际开挖轮廓应符合设计要求。对软弱岩石，其最大误差应由设计和施工单位共同议定；对坚硬或中等坚硬的岩石，其最大误差应符合下列规定：

①平面高程一般应不大于 0.2 m。

②边坡规格依开挖高度而异：

a.8 m 以内时，一般应不大于 0.2 m；

b.8～15 m 时，一般应不大于 0.3 m；

c.16～30 m 时，一般应不大于 0.5 m。

（6）爆破施工前，应根据爆破对周围岩体的破坏范围以及水工建筑物对基础的要求，确定垂直向和水平向保护层的厚度。

爆破破坏范围应根据地质条件、爆破方式和规模以及药卷直径等因素，至少用两种方法通过现场对比试验综合分析确定。

（7）建基面上 1.5 m 以内的垂直向保护层，其钻孔爆破应遵守下列规定：

①采用手风钻逐层钻孔（打斜孔）装药，火花起爆；其药卷直径不得大于32 mm（散装炸药加工的药卷直径，不得大于 36 mm）。

②最后一层炮孔孔底高程的确定：

a.对于坚硬、完整岩基，可以钻至建基面终孔，但孔深不得超过 50 cm；

b.对于脆弱、破碎岩基，则应留足 20～30 cm 的撬挖层。

（8）预裂缝可一次爆到设计高程。预裂爆破可以采用连续装药或间隔装药结构。爆破后，地表缝宽一般不宜小于 1 cm；预裂面不平整度不宜大于 15 cm；孔壁表层不应产生严重的爆破裂隙。

（9）廊道、截水墙的基础和齿槽等开挖，应做专题爆破设计。尤其对基础防渗、抗滑稳定起控制作用的沟槽，更应慎重地确定其爆破参数。

一般情况下，应先在两侧设计坡面进行预裂，随后留足垂直保护层，进行中部爆破。若无条件采用预裂爆破，则应按留足两侧水平保护层和底部垂直保护层的方式，先进行中部爆破，然后进行光面爆破。沟槽中部的爆破应符合下列要求：

①根据留足保护层后的剩余中部槽体尺寸决定爆破方式（梯段或拉槽）。

②当能采用梯段爆破时，可参照规范规定，但最大一段起爆药量应不大于 500 kg。邻近设计建基面和设计边坡时，不得大于 300 kg。

③当只能采用拉槽爆破时，可用小孔径钻孔、延长药包毫秒爆破，最大一段起爆药量应不大于 200 kg。

④当留足保护层后，其剩余中部槽体尺寸不能满足梯段或拉槽爆破时，则应参照相关规定控制。

当不采用预裂爆破和光面爆破的方式进行开挖时，应用孔深不超过 1.0 m 的电炮拉槽，随后采用火花起爆，并逐步扩大。

（10）在建筑物及其新浇混凝土附近进行爆破时，必须遵守下列规定：

①根据建筑物对基础的不同要求以及混凝土不同的龄期，通过模拟破坏试验确定保护对象允许的质点振动速度值（即破坏标准）。若不能进行试验，被保护对象的允许质点振动速度值，可参照类似工程实例确定。

②再通过实地试验寻求工程爆破振动衰减规律，即利用不同药量、测距与相应各测点的质点振动资料，应用相应的关系式求得。

③采用工程关系式和被保护对象所允许的质点振动速度值，规定相应的安全距离和允许装药量，并参照相应格式列出。其中，近距离火炮爆破用火花起爆所求得的关系式计算，远距离毫秒爆破用毫秒起爆所求得的关系式计算。

（11）在邻近建筑物的地段（10 m 以内）进行爆破时，必须根据被保护对象的允许质点振动速度值，按工程实测的振动衰减规律严格控制浅孔火花起爆的最小装药量。当装药量控制到最低程度仍不能满足要求时，应采取打防震孔或其他防震措施。

（12）不得在灌浆完毕地段及其附近进行爆破，若因特殊情况需要爆破时，必须经监理总工程师和设计单位同意，并应对灌浆区进行爆前、爆后的对比检查，必要时，还应进行一定范围的补灌。

（三）基础质量检查处理

（1）开挖后的建基轮廓不应有反坡（结构本身许可者除外）；若出现反坡，均应处理成顺坡。对于陡坎，应将其顶部削成钝角或圆滑状。若石质坚硬，撬挖确有困难，经监理工程师同意，可用密集浅孔装微量炸药爆出，或采取结构处理措施。

（2）建基面应整修平整。在坝基斜坡或陡崖部分的混凝土坝体伸缩缝下的岩基，应严格按设计规定进行整修。

（3）建基面如有风化、破碎，或具有水平裂隙等，均应用人工或风镐挖到设计要求的深度。若情况有变化，经监理工程师同意，可使用单孔小炮爆破，撬挖后应根据设计要求进行处理。

（4）建基面附有的方解石薄脉、黄锈（氧化铁）、氧化锰、碳酸钙和黏土等，经设计、地质人员鉴定，认为影响基岩与混凝土的结合的，都应清除。

（5）建基面受爆破影响震松的岩石，必须清除干净。如块体过大，经监理工程师同意，可用单孔小炮炸除。

（6）在外界介质作用下破坏很快（风化及冻裂）的脆弱基础建基面，当上部建筑物施工覆盖来不及时，应根据室外试验结果和当地条件及时、有效处理。

（7）在建基面上发现地下水时，应及时采取措施进行处理，避免新浇混凝土受到损害。

二、开挖施工技术要求

（一）坝基开挖

（1）基础开挖的施工方法、需要爆破部位的爆破方法、炮眼数量、炮眼深度和装药量等，应在施工设计中提出，并通过实地实验加以修正，在爆破过程中，力求避免基础岩石出现爆破裂缝或使原有构造裂缝有所发展等情况。

（2）实际开挖线应符合设计开挖线，开挖至设计高程及弱风化基岩。一般不应欠挖，超挖最好不大于 20 cm，当因地质条件而与勘探资料有出入时，应由设计、施工、监理及地质有关人员共同研究处理。

（3）岩石开挖应分层进行，最后一层采用小炮，紧邻水平建基面，应采用预留岩体保护层，距设计开挖线或边线 0.2～0.3 m（板状结构的非坚硬岩石为 0.5 m）时，应人工撬挖或用风镐清除。

（4）设计边坡开挖前，必须做好开挖线外的危石清理、消坡、加固和排水等工作。

（5）避免在新浇筑混凝土附近进行大量爆破，在施工需要的情况下，经设计、施工、监理及地质等有关人员同意后，可以进行浅孔爆破，但需满足以下条件：离开混凝土浇筑块或离开已达设计强度的混凝土区域的安全爆破距离，应分别不小于 10 m 和 20 m。

（6）开挖后的基础面按设计提出的开挖边坡，一般不应有反坡，边坡坡比陡于 1∶0.5 时，坡顶应进行切角处理。基岩面应达到一定平整度，将凸出的锐角打掉，松动的岩石全部撬除。

（7）开挖后的基础岩石表面，因裂隙切割及爆破而震松的岩石，应清除干净。开挖边坡上的少量松动的或由于周围裂隙切割而可能松动的岩石，应尽量处理掉，如处理困难或仅是怀疑有可能滑动的岩块，应打锚加固。

（8）基础面上如有地下水，最好在开挖线以外挖截水槽排除，严重情况应做特殊处理，以免影响混凝土与基岩结合。

（9）断层混凝土塞开挖时必须保持两侧坚硬岩石的完整性，当槽深不大时，采用人工撬挖，只有槽较深时才放小炮开挖，但严格控制装药量，离设计开挖面 0.3 m 时，不能爆破，改为人工撬除。

（10）在浇筑混凝土之前将基础岩石的光面凿毛并用高压风水冲洗干净，由监理、设计、施工、地质人员进行全面的检查、验收。

（11）不应破坏开挖界线以外的岩石的天然结构。

（12）开挖施工必须按照《水工建筑物岩石基础开挖工程施工技术规范》的有关要求进行。基础开挖后，应尽量缩短暴露的时间，以防止岩体风化崩解。对不稳定的开挖边坡应做好有效的临时支护措施，并设置排水孔。

（13）开挖施工中，若发现实际地质情况与施工图有较大的出入，或发现新的不良地质情况，须及时上报监理和施工地质人员，以便进行设计修改。

（二）边坡支护要求

（1）边坡开挖前，应对设计开挖线外对施工有影响的坡面进行处理，采取相应的防护措施。

（2）边坡轮廓面开挖应按设计开挖线采用预裂爆破或光面爆破方法施工；随着开挖高程的下降，应及时对坡面进行测量检查以防止偏离设计开挖线，避免在形成高边坡后再进行处理。

（3）开挖边坡的支护应在分层开挖过程中逐层进行，上层的支护应保证下一层的开挖顺利进行；未完成上一层的支护，严禁进行下一层的开挖。

（4）在施工期间直至工程验收，如果沿开挖边坡发生滑坡或塌方，承包人应及时通知监理人，并按监理人批准的措施对边坡进行处理。

（5）在施工期间直至工程验收，承包人应定期对边坡的稳定性进行监测，若出现不稳定迹象，应及时通知监理人，并立即采取有效措施确保边坡稳定。

（6）对于在边坡开挖中露出的脆弱岩层，应按监理人的指示进行处理。

（7）使用的钢筋应符合热轧钢筋主要性能的要求；钢筋的表面应洁净无损伤，在使用前清理干净油漆污染和铁锈等；带有颗粒状或片状老锈的钢筋不得使用；钢筋应平直，无局部弯折，采用冷拉方法调直钢筋时，Ⅰ级钢筋的冷拉率不宜大于 4%，Ⅲ级钢筋的冷拉率不宜大于 1%。

（8）边坡如有地下水露出，就必须设泄水孔，将地下水引出。

（9）边坡防护工程应经常检查维修，发现开裂应及时灌浆勾缝，以防进一步发展，危及防护效果。

（10）开挖线外设截水沟，应首先施工；截水沟距离边坡开口线至少 5 m，截水沟纵坡坡度应随实际地形的变化而变化，但要顺接和排水通畅。

（11）在土质边坡，破碎脆弱岩石边坡和断层、裂隙等部位，排水孔内设钢花管，管外包二次土工布；对于地质条件较好的岩石边坡，排水孔仅设孔口钢花管，管入口端外包二层土工布。

（12）施工顺序为：

①清刷表面松动土石，并使坡面大致平整。

②顶部挖截水沟。

③打锚杆孔，孔深应比锚固深度深 20 cm。

④插入锚杆并灌注水泥砂浆固定锚杆，使锚杆处于锚孔中心。

⑤当固定锚杆的砂浆强度达到 70%时，将钢筋网按照设计要求安装在边坡

锚杆上，绑扎焊接牢固后立刻安装绑扎钢筋网，钢筋网一般距坡面 30 mm。

⑥喷射混凝土。

（三）锚杆施工规定

（1）锚杆类型为注浆锚杆，M20 水泥砂浆全长注浆，其保护层厚度不小于 10 mm，锚杆钢筋宜用 HRB400 钢筋。

（2）锚杆钢筋采用防腐涂料进行防腐处理。锚杆材质检验：每批锚杆材料均应附有生产厂家的质量保证书，承包人应按监理人指示的抽检数量检验锚杆性能。

（3）锚杆孔的开孔孔位的偏差应不大于 100 mm，孔深偏差值不大于 50 mm。

（4）锚杆孔的孔轴方向一般应垂直于开挖面，局部加固锚杆的孔轴方向应根据具体情况按监理人指示确定。

（5）注浆锚杆的钻孔孔径应大于锚杆直径，钻头直径应大于锚杆直径 20 mm 以上。

（6）锚杆注浆的水泥砂浆强度等级应不低于 M20。

（7）砂浆应拌和均匀，随拌随用。一次拌和的砂浆应在初凝前用完，并严防石块、杂物混入。

（8）先注浆的永久支护锚杆，应在钻孔内注满砂浆后立即插杆；后注浆的永久支护锚杆，应在锚杆安装后立即进行注浆；锚杆注浆后，在砂浆凝固前，不得敲击、碰撞和拉拔锚杆。

（9）注浆开始和中途停止超过 30 min 时，应用水和稀水泥浆润滑注浆灌及其管路。

（10）注浆时，注浆管应插至孔底 50～100 mm，随砂浆的注入缓慢均速拔出，杆体插入后，若孔口无砂浆溢出，则应立即补注。

（11）杆体插入孔内的长度不应小于设计规定的 95%。

（12）注浆密实度实验：选取与现场锚杆直径和长度、锚孔孔径和倾斜度相同的锚杆和塑料管（或钢管），采用与现场注浆相同的材料和配比拌制的砂浆，并按与现场施工相同的注浆工艺进行注浆，养护 7 天后剖管检查其密实度；不同类型和不同长度的锚杆均需进行实验，实验计划报送监理人审批。

（13）岩石锚杆拉拔力实验：按作业分区在每 300 根锚杆中抽 3 根进行拉拔力实验；实验应在砂浆锚杆养护 28 天后，安装张拉设备逐级加载张拉，拉力方向应与锚杆轴线一致，当拉拔力达到规定值（杆体直径 20 mm、22 mm、28 mm 锚杆拉拔力值分别为 75 kN、90 kN、145 kN）时，立即停止加载，结束实验。

第三节　土石坝施工

施工质量检查和控制是土石坝安全的重要保证，它贯穿于土石坝施工的各个环节。在施工中除对地基进行专门检查外，还应对料场土料、坝身填筑以及堆石体、反滤料等填筑进行严格的检查和控制，在土石坝施工中应实行全面质量管理，建立健全质量保证体系。

一、料场的质量检查和控制

应经常检查土料的土质情况、土块大小、杂质含量和含水量等，使其符合规范规定。其中，含水量的检查和控制尤为重要。

当土料的含水量偏高时，一方面应改善料场的排水条件，采取防雨措施，另一方面需将含水量偏高的土料进行翻晒处理，或采取轮换掌子面的办法，使土料含水量降低到规定范围再开挖。若以上方法仍难满足要求，则可以采用机械烘干法烘干。当土料含水量不均匀时，应考虑堆筑"土牛"（大土堆），使含水量均匀后再外运。当含水量偏低时，对于黏性土料应考虑在料场加水。

料场加水的有效方法是采用分块筑畦埂，灌水浸渍，轮换取土。地形高差大也可采用喷灌机喷洒，此法易于掌握，节约用水。无论哪种加水方式，均应进行现场试验。对非黏性土料可用洒水车在坝面喷洒加水，避免运输时从料场至坝上的水量损失。

应经常检查石料场的石质、风化程度、爆落块料级配大小及形状是否满足上坝要求。发现不合要求的，应查明原因，及时处理。

二、坝面的质量检查和控制

在坝面作业中，应对铺土厚度、填土块度、含水量大小、压实后的干表观密度等进行检查，并提出质量控制措施。对黏性土来说，含水量的检测是关键。简单办法是"手检"，即手握土料能成团，手指撮可成碎块，则含水量合适。手试法靠经验估计，不十分可靠；工地多用取样烘干法，如酒精灯燃烧法、红外线烘干法、高频电炉烘干法、微波水分测定仪检测法等；采用核子水分密度仪能迅速、准确地测定压实土料的含水量及表观密度。

对于Ⅰ、Ⅱ级坝的心、斜墙，测定土料干表观密度的合格率应不小于90%；Ⅲ、Ⅳ级坝的心、斜墙或Ⅰ、Ⅱ级均质坝应达到80%～90%。不合格干表观密度不得低于设计干表观密度的98%，且不合格样不得集中。压实表观密度的测定，黏性土一般可用体积为200～500 cm³的环刀测定；砂可用体积为500 cm³的环刀测定；砾质土、沙砾料、反滤料用灌水法或灌砂法测定；堆石因其空隙大，一般用灌水法测定。当沙砾料因缺乏细料而架空时，也用灌水法测定。

根据地形、地质、坝料特性等因素，在施工特征部位和防渗体中，选定一些固定取样断面，沿坝高 5～10 m，取代表性试样（总数不宜少于 30 个）进行室内物理力学性能试验，并将其作为核对设计及工程管理的依据。此外，还须对坝面、坝基、削坡、坝肩接合部、与刚性建筑物连接处以及各种土料的过渡带进行检查。对施工中发现的可疑问题，如上坝土料的土质、含水量不合要求，漏压或碾压遍数不够，超压或碾压遍数过多，铺土厚度不均匀等进行重点抽查，不合格者返工。

对于反滤层、过渡层、坝壳等非黏性土的填筑，主要应控制压实参数，如不符合要求，施工人员应及时纠正。在填筑排水反滤层过程中，每层在 25×25 m^2 的面积内取样 1～2 个；对于条形反滤层，每隔 50 m 设一取样断面，每个取样断面每层取样不得少于 4 个，均匀分布在断面的不同部位，且层间取样位置应彼此对应。应对反滤层铺填厚度、是否混有杂物、填料的质量及颗粒级配等进行全面检查。通过颗粒分析，查明反滤层的层间系数和每层的颗粒不均匀系数是否符合设计要求。如不符合要求，则应重新筛选，重新铺填。

土坝的堆石棱体与堆石体的质量检查大体相同。主要检查上坝石料的质量、风化程度，石块的重量、尺寸、形状，堆筑过程中有无离析架空现象发生等。对于堆石的级配、孔隙率大小，应分层分段取样，检查是否符合规范要求。随坝体的填筑应分层埋设沉降管，对施工过程中坝体的沉陷进行定期观测，并做出沉陷随时间的变化过程线。

对于填筑土料、反滤料、堆石等的质量检查记录，应及时整理，分别编号存档，编制数据库，既作为施工过程全面质量管理的依据，也作为坝体运行后进行长期观测和事故分析的证据。

近年来，我国已成功研制出一种装设在振动碾上的压实计，能向在碾压中的堆石层发射和接收其反射的振动波，可在仪器上显示出堆石体在碾压过程中的变形模量。这种装置使用方便，可随时获得所需资料，但其精度较低，只能作为量测变形模量的辅助工具。

第四节　面板堆石坝施工

我国现代混凝土面板堆石坝的建设始于 1985 年，首先开工的为 95 m 高的湖北西北口坝，首先建成的为 58.5 m 高的辽宁关门山坝（1988 年建成）。此后，面板堆石坝的建设如雨后春笋，湖北水布垭面板堆石坝最大坝高 233 m，也是目前世界上最高的面板堆石坝。此外，面板堆石坝还用于心墙堆石坝、浆砌石坝的加高。

混凝土面板堆石坝的防渗系统由基础防渗工程、趾板、面板组成。其特点是堆石坝体能直接挡水或过水，简化了施工导流与度汛，枢纽布置紧凑，充分利用当地材料。面板堆石坝可以分期施工，便于机械化操作，施工受气候条件的影响较小。

一、混凝土面板堆石坝坝体分区

面板堆石坝上游面有薄层面板，面板可以是刚性钢筋混凝土的，也可以是柔性沥青混凝土的。坝身主要是堆石结构。良好的堆石材料，尽量减少堆石体的变形，为面板正常工作创造条件，是坝体安全运行的基础。

坝体部位不同，受力状况不同，对填筑材料的要求也不同，所以应对坝体进行分区。

面板下垫层区的主要作用在于为面板提供平整、密实的基础，将面板承受的水压力均匀传递给主堆石体。过渡区位于垫层区和主堆石区之间，其主要作用是保护垫层区在高水头作用下不产生破坏。其粒径、级配要求符合垫层料与主堆石料间的反滤要求。主堆石区是坝体维持稳定的主体，其石质好坏，密度、沉降量大小，直接影响面板的安危。下游堆石区起保护主堆石体及下游边坡稳定作用，要求采用较大石料填筑，允许有少量分散的风化岩。由于该区沉陷变形对面板已影响甚微，故对石质及密度要求有所放宽。

一般面板坝的施工程序为：岸坡坝基开挖清理，趾板基础及坝基开挖，趾板混凝土浇筑，基础灌浆，分期分块填筑主堆石料，垫层料必须与部分主堆石料平起上升，填至分期高度时用滑模浇筑面板，同时填筑下期坝体，再浇混凝土面板，直到坝顶。

堆石坝填筑的施工设备、工艺和压实参数的确定，和常规土石坝非黏性土料施工没有本质区别。

二、垫层料施工

垫层为堆石体坡面最上游部分，可用人工碎石料或级配良好的沙砾料填筑。为减少面板混凝土超浇量，改善面板的应力条件，应对上游垫层坡面修整、压实。一般水平填筑时向外超填 15～30 cm，斜坡长度达到 10～15 m 时修整、压实一次。修整可采用人工或激光制导反铲（天生桥一级水电站采用）进行。坡面修整后就可进行斜坡碾压。

未浇筑面板之前的上游坡面，尽管经斜坡碾压后具有较高的密实度，但其抗冲蚀和抗人为因素破坏的性能差，一般须进行垫层坡面的防护处理。防护的作用有三点：防止雨水冲刷垫层坡面；为面板混凝土施工提供良好的工作面；利用堆石坝体挡水或过水时，垫层护面可起临时防渗和保护作用。一般采用喷洒乳化沥青保护，喷射混凝土或摊铺、碾压水泥砂浆防护。混凝土面板或面板浇筑前的垫层料，施工期不允许承受反向水压力。

三、趾板施工

趾板施工程序为河床段趾板应在基岩开挖完毕后立即进行浇筑，在大坝填筑之前浇筑完毕。岸坡部位的趾板必须在填筑之前一个月内完成，为减少工序干扰和加快施工进度，可随趾板基岩开挖出一段之后，立即由顶部自上而下分段进行施工。若工期和工序不受约束，也可在趾板基岩全部开挖完成以后，再进行趾板施工。

趾板施工的步骤：清理工作面、测量与放线、锚杆施工、立模安止水片、架设钢筋、埋设预埋件、冲洗舱面、开仓检查、浇筑混凝土、养护。混凝土浇筑可采用滑模或常规模板进行。

四、钢筋混凝土面板施工

钢筋混凝土面板是刚性面板堆石坝的主要防渗结构，厚度一般、面积大，在满足抗渗性和耐久性条件下，要求具有一定的柔性，以适应堆石体的变形。

面板浇筑一般在堆石坝体填筑完成或至某一高度后，气温适当的季节集中进行，由于汛期限制，工期往往很紧。面板由起始板及主面板组成。起始板可以采用固定模板或翻转模板浇筑，也可用滑模浇筑。当起始板不采用滑模浇筑时，应尽量在坝体填筑时创造条件提前浇筑。中等高度以下的坝，面板混凝土不宜设置水平缝，高坝和要求施工期蓄水的坝，面板可设 1～2 条水平工作缝，分期浇筑。垂直缝分缝宽度应根据滑模结构，以易于操作、便于舱面组织等原则确定，一般为 12～16 m。

钢筋混凝土面板一般采用滑模法施工，滑模分为有轨滑模和无轨滑模两种。无轨滑模是近年来在面板坝施工实践中提出来的，它克服了有轨滑模的缺点，减轻了滑动模板的自身重量，提高了工效，节约了投资，在国内广泛使用。滑模上升速度一般为 1～2.5 m/h，最高可达 6 m/h。

混凝土场外运输主要采用混凝土搅拌运输车、自卸汽车等。坝面输送主要采用溜槽和混凝土泵。钢筋的架设一般采用现场绑扎和焊接或预制钢筋网片和现场拼接的方法。

金属止水片的成型主要有冷挤压成型、热加工成型或手工成型。一般成型后应进行退火处理。现场拼接方式有搭接、咬接、对接；对接一般用在止水接头异型处，应在加工厂内施焊，以保证质量。

五、沥青混凝土面板施工

沥青混凝土施工过程中对温度的控制十分严格，必须根据材料的性质、配比，不同地区、不同季节，通过试验确定不同温度的控制标准。

沥青混凝土面板的施工特点在于铺填及压实层薄，通常板厚 10～30 cm，施工压实层厚 5～10 cm，且铺填及压实均在坡面上进行。沥青混凝土的铺填和压实多采用机械化流水作业施工。沥青混凝土热料由汽车或装有料罐的平车经堆石体上的工作平台运至坝顶门式绞车前，由门式绞车杆吊运料罐卸料入给料车的料斗内。给料车供给铺料车沥青混凝土。铺料车在门式绞车的牵引下，沿平整后的堆石坡面自下而上铺料，铺料宽度一般为 3～4 m。特制的斜坡振动碾压机械，在门式绞车的牵引下，随铺料车将铺好的沥青混凝土压实。采用这些机械施工的最大坡长 150 m。当坡长超过范围时，须将堆石体分成两期或多期进行，每期堆石体顶部均须留出宽 20～30 m 的工作平台。机械化施工，每天可铺填压实 300～500 t 沥青混凝土。

第六章　水利工程混凝土施工

第一节　混凝土的分类与性能

一、混凝土的分类

（一）按胶凝材料分

（1）无机胶凝材料混凝土。无机胶凝材料混凝土包括石灰硅质胶凝材料混凝土（如硅酸盐混凝土）、硅酸盐水泥系混凝土（如硅酸盐水泥、普通水泥、矿渣水泥、粉煤灰水泥、火山灰质水泥、早强水泥混凝土等）、钙铝水泥系混凝土（如高铝水泥、纯铝酸盐水泥、喷射水泥、超快硬水泥混凝土等），石膏混凝土、镁质水泥混凝土、硫黄混凝土、水玻璃氟硅酸钠混凝土、金属混凝土（用金属代替水泥作胶结材料）等。

（2）有机胶凝材料混凝土。有机胶凝材料混凝土主要有沥青混凝土、聚合物水泥混凝土、树脂混凝土、聚合物浸渍混凝土等。

（二）按表观密度分

混凝土按照表观密度可分为重混凝土、普通混凝土、轻质混凝土。这三种混凝土的不同之处在于骨料不同。

1.重混凝土

重混凝土是表观密度大于 2 500 kg/m³，用特别密实和特别重的骨料制成的混凝土，如重晶石混凝土、钢屑混凝土等，它们具有不透 X 射线和 γ 射线的性能，常由重晶石和铁矿石配制而成。

2.普通混凝土

普通混凝土就是我们在建筑中常用的混凝土，表观密度为 1 950～2 500 kg/m³，以砂、石子为主要骨料，是土木工程中最常用的混凝土品种。

3.轻质混凝土

轻质混凝土是表观密度小于 1 950 kg/m³ 的混凝土。它又可以分为三类：

①轻骨料混凝土，其表观密度为 800～1 950 kg/m³，轻骨料包括浮石、火山渣、陶粒、膨胀珍珠岩、膨胀矿渣、矿渣等。

②多孔混凝土（泡沫混凝土、加气混凝土），其表观密度为 300～1 000 kg/m³，泡沫混凝土是由水泥浆或水泥砂浆与稳定的泡沫制成的。加气混凝土是由水泥、水与发气剂制成的。

③大孔混凝土（普通大孔混凝土、轻骨料大孔混凝土），其组成中无细骨料。普通大孔混凝土的表观密度为 1 500～1 900 kg/m³，是用碎石、软石、重矿渣作为骨料配制的。轻骨料大孔混凝土的表观密度为 500～1 500 kg/m³，是用陶粒、浮石、碎砖、矿渣等作为骨料配制的。

（三）按使用功能分

按使用功能可分为结构混凝土、保温混凝土、装饰混凝土、防水混凝土、耐火混凝土、水工混凝土、海工混凝土、道路混凝土、防辐射混凝土等。

（四）按施工工艺分

按施工工艺可分为离心混凝土、真空混凝土、灌浆混凝土、喷射混凝土、碾压混凝土、挤压混凝土、泵送混凝土等。

（五）按拌和物的流动性能分

按拌和物的流动性能可分为干硬性混凝土、半干硬性混凝土、塑性混凝土、流动性混凝土、高流动性混凝土、流态混凝土等。

（六）按掺合料分

按掺合料可分为粉煤灰混凝土、硅灰混凝土、矿渣混凝土、纤维混凝土等。另外，混凝土还可按抗压强度分为低强度混凝土（抗压强度小于 30 MPa）、中强度混凝土（抗压强度为 30～60 MPa）和高强度混凝土（抗压强度大于或等于 60 MPa）；按每立方米水泥用量又可分为贫混凝土（水泥用量不超过 170 kg）和富混凝土（水泥用量不小于 230 kg）等。

二、混凝土的性能

混凝土的性能主要有以下几项。

（一）和易性

和易性是混凝土拌和物最重要的性能，主要包括流动性、黏聚性和保水性三个方面。它综合表示拌和物的稠度、流动性、可塑性、抗分层离析泌水的性能及易抹面性等。测定和表示拌和物和易性的方法与指标有很多，中国主要将截锥坍落筒测定的坍落度以及维勃仪测定的维勃时间，作为稠度的主要指标。

（二）强度

强度是混凝土硬化后的最重要的力学性能，是指混凝土抵抗压、拉、弯、剪等应力的能力。水灰比、水泥品种和用量、骨料的品种和用量，以及搅拌、成型、养护，都直接影响混凝土的强度。混凝土按标准抗压强度（以边长为150 mm 的立方体为标准试件，在标准养护条件下养护 28 d，按照标准试验方法测得的具有 95%保证率的立方体抗压强度）划分的强度等级，分为 C10、C15、C20、C25、C30、C35、C40、C45、C50、C55、C60、C65、C70、C75、C80、C85、C90、C95、C100 共 19 个。混凝土的抗拉强度仅为其抗压强度的 $1/20 \sim 1/10$。

（三）变形

混凝土在荷载或温湿度作用下会产生变形，主要包括弹性变形、塑性变形、收缩和温度变形等。混凝土在短期荷载作用下的弹性变形主要用弹性模量表示。在长期荷载作用下，应力不变，应变持续增加的现象为徐变；应变不变，应力持续减少的现象为松弛。由于水泥水化，水泥石的碳化和失水等产生的体积变形，称为收缩。

硬化混凝土的变形来自两方面：环境因素（温度、湿度变化）和外加荷载因素。因此有：

（1）荷载作用下的变形包括弹性变形和非弹性变形。

（2）非荷载作用下的变形包括收缩变形（干缩、自收缩）和膨胀变形（湿胀）。

（3）复合作用下的变形包括徐变。

（四）耐久性

混凝土在使用过程中抵抗各种破坏因素作用的能力称为耐久性。混凝土的耐久性决定混凝土工程的寿命。它是混凝土的一个重要性能，因此长期以来受到人们的高度重视。

在一般情况下，混凝土具有良好的耐久性。但在寒冷地区，特别是在水位变化的工程部位以及在饱水状态下受到频繁的冻融交替作用时，混凝土易于损坏。为此，对混凝土要有一定的抗冻要求。用于不透水的工程时，要求混凝土具有良好的抗渗性和耐蚀性。混凝土耐久性包括抗渗性、抗冻性、抗侵蚀性。

影响混凝土耐久性的破坏作用主要有 6 种：

（1）冰冻—融解循环作用。这是最常见的破坏作用，因此有时人们用抗冻性来代表混凝土的耐久性。冻融循环在混凝土中产生内应力，促使裂缝发展、结构疏松，直至表层剥落或整体崩溃。

（2）环境水的作用。包括淡水的浸溶作用、含盐水和酸性水的侵蚀作用等。其中，硫酸盐、氯盐、镁盐和酸类溶液在一定条件下可产生剧烈的腐蚀作用，导致混凝土迅速破坏。环境水作用的破坏过程可概括为两种变化：一是减少组分，即混凝土中的某些组分直接溶解或经过分解后溶解；二是增加组分，即溶液中的某些物质进入混凝土中产生化学、物理或物理化学变化，生成新的物质。上述组分的增减导致混凝土体积不稳定。

（3）风化作用。包括干湿、冷热的循环作用。在温度、湿度变幅大，变化快的地区以及兼有其他破坏因素（如盐、碱、海水、冻融等）作用时，常能加速混凝土的崩溃。

（4）中性化作用。空气中的某些酸性气体，如 H_2S 和 CO_2，在适当温度、湿度条件下使混凝土中液相的碱度降低，引起某些组分分解，并使体积发生变化。

（5）钢筋锈蚀作用。在钢筋混凝土中，钢筋因电化学作用生锈，体积增加，胀坏混凝土保护层，结果又加速了钢筋的锈蚀，这种恶性循环使钢筋与混凝土同时受到严重的破坏，成为毁坏钢筋混凝土结构的一个最主要原因。

（6）碱-骨料反应。最常见的是水泥或水中的碱分（Na_2O、K_2O）和某些活性骨料（如蛋白石、燧石、安山岩、方石英）中的 SiO_2 起反应，在界面区生成碱的硅酸盐凝胶，使体积膨胀，最后使整个混凝土建筑物崩解。这种反应又名碱-硅酸反应，此外，还有碱-硅酸盐反应与碱-碳酸盐反应。

此外，有人将抵抗磨损、气蚀、冲击以及高温等作用的能力也纳入耐久性的范围。上述各种破坏作用还常因循环交替和共存叠加而加剧。前者导致混凝土材料的疲劳；后者则使破坏过程加剧并复杂化，进而难以防治。

要提高混凝土的耐久性，就要从抵抗力和作用力两个方面入手。增加抵抗力就能抑制或延缓作用力的破坏。因此，提高混凝土的强度和密实性有利于耐久性的改善，其中密实性尤为重要，因为孔、缝是破坏因素进入混凝土内部的途径，所以混凝土的抗渗性与抗冻性密切相关。另外，通过改善环境来削弱作用力，也能提高混凝土的耐久性。此外，还可采用外加剂、谨慎选择水泥和集料、使用涂层材料等，来有效地改善混凝土的耐久性，延长混凝土工程的安全使用期。

耐久性是一项长期性能，而破坏过程又十分复杂。因此，要较准确地进行测试及评价，还存在不少困难。只是采用快速模拟试验，对在一个或少数几个破坏因素作用下的一种或几种性能变化进行对比并加以测试的方法还不够理想，评价标准也不统一，对于破坏机制及相似规律更缺少深入的研究，因此到目前为止，混凝土的耐久性还难以预测。除了实验室快速试验，进行长期暴露试验和工程实物的观测，积累长期数据，也有助于耐久性的正确评定。

第二节　模板工程施工

模板工程是混凝土浇筑时使之成型的模具及其支承体系的工程，模板工程量大，材料和劳动力消耗多。因此，正确选择材料组成和合理组织施工，直接关系到结构物的工程质量和造价。

模板包括接触混凝土并控制其尺寸、形状、位置的构造部分，以及支持和固定它的杆件、桁架、联结件等支承体系。其主要作用是对新浇塑性混凝土起成型和支撑作用，同时还具有保护和改善混凝土表面质量的作用。模板及其支撑系统必须满足下列要求：

（1）保证工程结构和构件各部分形状尺寸和相互位置正确。

（2）具有足够的承载能力、刚度和稳定性，以保证施工安全。

（3）构造简单，装拆方便，能多次周转使用。

（4）模板的接缝应严密，不漏浆。

（5）模板与混凝土的接触面应涂隔离剂脱模。

一、模板的基本类型

按制作材料，模板可分为木模板、钢模板、混凝土及钢筋混凝土预制模板。按模板形状，可分为平面模板和曲面模板。

按受力条件，模板可分为承重模板和侧面模板。侧面模板按其支撑受力方式，又分为简支模板、悬臂模板和半悬臂模板。

按架立和工作特征，模板可分为固定式、拆移式、移动式和滑动式。固定式模板多用于起伏的基础部位或特殊的异形结构，如蜗壳或扭曲面，由于其大小不等，形状各异，因此难以重复使用。拆移式、移动式和滑动式模板可重复或连续在形状一致或变化不大的结构上使用，有利于实现标准化和系列化。

下面主要介绍五种模板。

（一）拆移式模板

拆移式模板适应于浇筑块表面为平面的情况，可做成定型的标准模板，其标准尺寸，大型的为 100 cm×（325～525）cm，小型的为（75～100）cm×150 cm。前者适用于 3～5 m 高的浇筑块，需小型机具吊装；后者用于薄层浇筑，可人力搬运。

平面木模板由面板、加劲肋和支架三个基本部分组成。加劲肋（板样肋）把面板联结起来，并由支架安装在混凝土浇筑块上。

架立模板的支架，常用围檩和桁架梁。桁架梁多用方木和钢筋制作。立模时，将桁架梁下端插入预埋在下层混凝土块内 U 型埋件中。当浇筑块薄时，上端用钢拉条对拉；当浇筑块大时，则采用斜拉条固定，以防模板变形。钢筋拉条直径大于 8 mm，间距为 1～2 m，斜拉角度为 30°～45°。

悬臂钢模板由面板、支撑柱和预埋联结件组成，采用定型组合钢模板拼装或直接用钢板焊制。支撑模板的立柱有型钢梁和钢桁架两种，视浇筑块高度而定。预埋在下层混凝土内的联结件有螺栓式和插座式（U 型铁件）两种。

悬臂钢模板的支撑柱由型钢制作，下端伸出较长，并用两个接点锚固定在预埋螺栓上，可视为固结。立柱上部不用拉条，以悬臂作用支撑混凝土侧压力及面板自重。

采用悬臂钢模板，由于仓内无拉条，因此模板整体拼装为大体积混凝土机械化施工创造了有利条件。且模板本身的安装比较简单，重复使用次数高（可超过 100 次）。但模板较重（每块模板重 0.5～2 t），需要起重机配合吊装。由于模板顶部容易移位，故浇筑高度受到限制，一般为 1.5～2 m。用钢桁架作支撑柱时，高度也不宜超过 3 m。此外，还有一种半悬臂模板，常用高度有 3.2 m 和

2.2 m 两种。

（二）移动式模板

对定型的建筑物，根据建筑物外形轮廓特征，做一段定型模板，在支撑钢架上装上行驶轮，沿建筑物长度方向铺设轨道，分段移动，分段浇筑混凝土。移动时，只需将顶推模板的花篮螺丝或千斤顶收缩，使模板与混凝土面脱开，这样模板就可随钢架移动到拟浇混凝土的部位，再用花篮螺丝或千斤顶调整模板至设计浇筑尺寸。移动式模板多用钢模板，作为浇筑混凝土墙和隧洞混凝土衬砌使用。

（三）自升式模板

这种模板的面板由组合钢模板安装而成，桁架、提升柱由型钢、钢管焊接而成。利用桁架上的调节丝杆调整模板位置，准备浇筑混凝土。这种模板的突出优点是自重轻，自升电动装置具有力矩限制与行程控制功能，运行安全可靠，升程准确。模板采用插挂式锚钩，简单实用，定位准，拆装快。

（四）滑动式模板

滑动式模板是在混凝土浇筑过程中，随浇筑而滑移（滑升、拉升或水平滑移）的模板，简称滑模，以竖向滑升应用最广。

滑升式模板是先在地面上按照建筑物的平面轮廓组装一套 1.0～1.2 m 高的模板，随着浇筑层的不断上升而逐渐滑升，直至完成整个建筑物计划高度内的浇筑。滑模施工可以节约模板和支撑材料，加快施工进度，改善施工条件，保证结构的整体性，提高混凝土表面质量，降低工程造价。其缺点是滑模系统一次性投资大，耗钢量大且保温条件差，不宜于低温季节使用。

滑模施工最适于断面形状尺寸沿高度基本不变的高耸建筑物，如竖井、沉井、墩墙、烟囱、水塔、筒仓、框架结构等的现场浇筑，也可用于大坝溢流面、双曲线冷却塔及水平长条形规则结构、构件施工。

滑升模板由模板系统、操作平台系统和液压支撑系统三部分组成。模板系统包括模板、围圈和提升架等。模板多为钢模或钢木混合模板，其高度取决于滑升速度和混凝土达到出模强度（0.05～0.25 MPa）所需的时间，一般高 1.0～1.2 m。为减小滑升与混凝土间的摩擦力，应将模板自下向上稍向内倾斜，做成单面 0.2%～0.5%模板高度的正锥度。围圈用于支撑和固定模板，上下各布置一道，多用角钢或槽钢制成。如果围圈所受的水平力和竖向力很大，也可做成平面桁架或空间桁架，使其具有大的承载力和刚度，防止模板和操作平台出现超标准的变形。提升架的作用是固定围圈，把模板系统和操作平台系统连成整体，承受整个模板和操作平台系统的全部荷载，并将竖向荷载传递给液压千斤顶。提升架一般用槽钢做成由双柱和双梁组成的"开"形架，立柱有时也采用方木制作。

操作平台系统包括操作平台和内外吊脚手，可临时堆存钢筋或混凝土，以及作为修饰刚刚出模的混凝土面的施工操作场所，一般为木结构或钢木混合结构。液压支撑系统包括支撑杆、穿心式液压千斤顶、输油管路和液压控制台等，是使模板向上滑升的动力和支撑装置。

（五）混凝土及钢筋混凝土预制模板

混凝土及钢筋混凝土预制模板既是模板，也是建筑物的护面结构，浇筑后作为建筑物的外壳，不予拆除。混凝土模板靠自重稳定，可作直壁式模板，也可作倒悬式模板。

钢筋混凝土模板既可作建筑物表面的镶面板，也可作厂房、空腹坝顶拱和廊道顶拱的承重模板。这样避免了高架立模，既有利于施工安全，又有利于加快施工进度，节约材料，降低成本。

预制混凝土和钢筋混凝土模板质量较大，常需起重设备起吊，所以在模板预制时都应预埋吊环以供起吊用。对于不拆除的预制模板，应对模板与新浇混凝土的结合面进行凿毛处理。

二、模板工程施工概述

（一）基本要求

1.设计要求

应对模板体系的设计、制作、安装和拆除的施工程序等进行专门设计，并编制专项施工方案。模板体系设计、制作必须符合以下要求：

（1）模板系统应具有满足施工要求的强度和刚度，不得在混凝土工程施工过程中发生破坏和超出规范容许的变形。

（2）模板制作，应保证规格尺寸准确，满足施工图纸的尺寸要求，棱、角平直光洁，面层平整，拼缝严密。

（3）模板的配置必须具有良好的可拆性，以便于混凝土工程之后的模板拆除工作顺利进行。

（4）模板的支撑体系必须具备可靠的局部稳定及整体稳定性，以确保混凝土工程的正常施工。

2.材料要求

模板应保持表面光滑、外形平直，能够保证浇捣混凝土的外观质量及外形尺寸。与模板、支模有关的材料、配件，必须具有足够的强度、刚度，能够满足施工要求。

3.方案要求

支模施工前应由施工单位编制专项技术方案。技术方案应包括模板及其支撑系统的设计、搭设、拆除，混凝土浇筑方法和浇筑过程观测及安全控制要求等方面的内容。

技术方案应有计算书，计算书应包括施工荷载计算，模板及其支撑系统的强度、刚度、稳定性、抗倾覆等方面的验算，支承层承载的验算。

对已重复使用多次的模板、支撑材料，应做必要的强度测试，技术方案应以材料强度实测值为计算依据。

技术方案必须经施工单位技术和安全负责人审批签字并加盖企业技术和安全部门的公章后才能实施。

（二）材料验收与模板的修理维护

1.材料验收

对进入施工现场的模板材料进行质量、数量验收，模板材料应符合施工技术方案的要求，同时能满足施工进度要求。

（1）组合钢模板验收

组合钢模板的板面平整，无扭曲、凸凹，无重皮、掉漆等缺陷。钢模板的几何尺寸偏差应控制在模板设计制作误差范围内，并不得有边角开焊现象发生。钢模板面板厚度符合模板设计要求。钢模板的对接间隙应小于 0.50 mm，安装后的模板不得漏浆。

采用 Q235 钢板制作时，厚度不得小于 2.0 mm。大钢模钢板厚度、背肋龙骨分布等根据模板设计计算值确定。钢模板板面平整不翘曲，边框平直不歪折。

（2）竹胶板、胶合板及木方验收

模板用竹胶板、胶合板时厚度宜在 10～16 mm，不宜太薄。板面必须保证完好，不得有腐朽、虫蛀、木节及划伤、破边、破角、起层、脱皮等影响混凝土成型表观质量的缺陷。

模板木方宜为Ⅱ等红松或白松，木材的含水率不得大于 18%，木方的几何尺寸应满足方案设计要求。

（3）脱模剂验收

拆模后，必须清除模板上遗留的混凝土残浆，之后再刷脱模剂。严禁用废机油作脱模剂，脱模剂材料选用原则应为既便于脱模又便于混凝土表面装饰。选用的材料有皂液、滑石粉、石灰水及其混合液和各种专门化学制品脱模剂等。脱模剂材料宜拌成稠状，涂刷均匀，不得流淌，一般刷两度为宜，以防漏刷，也不宜涂刷过厚。脱模剂涂刷后，应在短期内及时浇筑混凝土，以防隔离层遭受破坏。

（4）模板材料堆放

各类模板应按规格分类堆放整齐，堆放场地应平整坚实，当无专门措施时，叠放高度一般不应超过 1.6 m。

进入施工现场的组合钢模板必须分箱整齐堆放。胶合板、竹胶板应分包堆放，地面应用木方垫起，以免胶合板受潮。堆放整齐后必须进行覆盖，避免雨淋和日晒，防止模板变形和起层。其他木材也应当下垫上盖，避免因雨淋、日晒而变形。

大模板堆放于指定的堆放场地，有支撑架的大模板必须满足 75°～80°的自稳角度要求，当不能满足要求时，必须另外采取措施，保证模板放置稳定。没有支撑架的大模板应存放在专用的插挂架上，不得依靠在其他物体上。大模板在地面堆放，应采取两块大模板板面对板面相对放置的方法，且应在模板中间留置不小于 600 mm 的操作间距。长时间堆放时，应将模板连接成整体。

2.模板的修理维护

模板拆除后立即进行清理整理，不符合要求的及时调换，分类码放。损坏模板经过妥善修理之后，方可使用。拆下的钢模板，如发现不平或肋边损坏变形，应及时修理、平整。钢模板及配件修复后的质量标准应符合表 6-1 的规定。

表 6-1　钢模板及配件修复后的质量标准

种类	项目	允许偏差（mm）
钢模板	板面平整度	≤2.0
	凸棱直线度	≤1.0
	边肋不直度	不得超过凸棱高度
配件	U 型卡卡口残余变形	≤1.2
	钢楞和支柱不直度	≤L/1 000

竹胶板、胶合板多次使用后边缘会受损，要及时进行切割，确保板边缘平整。若出现脱皮、分层、表面粗糙而影响混凝土成型表观质量的，必须更换，不得使用。

为安装机电管线、管道而在模板上开孔洞时，必须使用开孔器，不得直接用凿子乱开乱挖孔洞。模板上不用的孔洞应及时修补。电、气焊施工时，采用遮挡或铺垫的方法保护模板。

（三）模板安装

墙、梁、柱群模板安装、校正过程中必须带通线，验收时带线验收。混凝土浇筑时不得撤线，随时检查模板有无变形、位移。

1.模板安装准备工作

（1）模板安装支撑准备

楼板或底板混凝土施工时预埋支撑地脚钢筋头。钢筋绑扎完后，焊好模板定位筋。模板承垫底部预先座浆找平，找平用 1∶3 水泥砂浆，宽度为 50 mm，沿模板边线抹，或顶板混凝土浇筑时在墙柱侧边安装模板部位用 2.0 m 杠刮平，抹子收光。保证模板下口严密，防止模板底部漏浆。

（2）安装前水电预埋准备

模板安装前检查验收与支模相关的预留洞、预埋件、螺栓、插铁、水电管线、箱盒埋设位置，确保尺寸准确，数量符合设计要求，固定牢靠，做好验收记录，并做工种交接。模板安装过程中保护预埋件，防止预埋件脱落、移位。

（3）模板预装

模板加工完成后必须在地上检查模板的各部尺寸，确保各部尺寸符合设计要求，模板接缝不大于 0.5 mm，大模板应进行墙板的试安装，以验证零部件安装是否符合设计要求，如发现问题及时调整、修理。

（4）施工缝处安装前准备

在施工缝模板安装前，应预先将混凝土接茬处已硬化的混凝土表面层的水泥薄膜或松散混凝土及其砂浆软弱层剔凿、清理干净。外露钢筋插铁沾有灰浆油污的应清刷干净。

2.模板安装流程

（1）柱模安装

拼装就位：成排柱支模时，应先立两端柱模，校直与复核位置无误后，顶部拉通线，再立中间柱模。柱模就位前清扫柱底杂物。

模板拼缝处粘贴单面胶海绵条。柱模就位后调整柱子的轴线位置，调整过程中保证柱子的根部截面满足要求，达到要求后加固下口螺栓，柱底校正以后把木楔子打紧。调整柱子上口截面、固定上口螺栓，后将柱模中间柱箍、螺栓等加固。柱箍间距、对拉螺栓根据柱子施工荷载验算结果设置。

垂直度调整：柱子截面调整好后，用四根支撑或有花篮螺丝的缆风绳与柱顶四角拉结，并校正其中心线和垂直度，全面检查合格后，与相邻柱群或四周支架临时拉结固定。

（2）墙模安装

支模前应复核检查作业面四角标高，确保其在同一标高位置，并保证钢筋支模定位筋的尺寸、位置、数量符合要求。

模板就位：一般先支设建筑物外墙大角模板，严格控制大角模板的垂直度，采用吊线的方法校正立墙的垂直度,在保证垂直后,对准模板外边线加固支撑。其他各列墙体以大角墙体模板为基准,拉通线,控制正面的平整度和垂直度。其次安装对观感要求较高的一侧模板,另一侧模板安装前清扫墙内杂物。

按照模板设计要求安装墙模的对拉螺栓和斜撑。对拉螺栓的规格和间距根据模板设计确定,两侧穿孔的模板对称放置,穿墙螺栓与墙模保持垂直。一般内墙可在两侧加斜撑,外墙应在内侧同时设置拉杆和斜撑,且边安装边校正平整度和垂直度。

模板安装完毕后,应检查模板组装尺寸、垂直度是否符合设计要求,模板安装扣件、螺栓、拉顶撑是否牢固,模板拼缝以及底边是否严密,尤其是门窗洞口两边的模板支撑是否牢固。

(3)梁板模安装

安装梁板模前,按设计标高带通线调整立杆及龙骨的位置,安装板模、梁底模,吊线调平找面。

梁底模起拱:跨度等于或大于 4 m 的梁板,其模板应按设计要求起拱,当设计无要求时,起拱高度宜为跨度的 1/1 000 至 3/1 000,起拱线顺直,不得有折线。

待梁钢筋绑扎完毕检查合格后,清理杂物,安装梁侧模。一般要求侧模包底模,梁侧模加固应根据梁的施工荷载进行配制,若梁高超过 700 mm,须在梁中增设对拉螺栓,与梁侧斜撑配合,加强梁侧模刚度及强度。梁模板清扫口留放在梁模两端,方便清扫。

板模纵、横楞的排列和间距,根据楼板的混凝土重量和施工荷载大小在模板设计中确定,楼板模板缝接头处必须有木方龙骨支撑。

(4)特殊部位模板节点设计、安装

楼梯模板、施工缝处模板、主次梁节点、梁柱节点、梁墙节点及板墙节点的模板根据工程设计特点结合混凝土浇筑要求专门设计,设计节点确保尺寸准确，拼缝平整严密，角线平滑，阴阳角方正，不漏浆。

（四）模板拆除

1.拆模要求

结构拆除底模、支架应依据施工技术方案对其结构上部施工荷载及堆放料具进行严格控制或经验算并在结构底部增设临时支撑。悬挑结构均应加临时支撑。预埋件或外露钢筋插铁不能因拆模碰挠而松动。

2.墙柱模板拆除

在混凝土强度达到 1.2 MPa 且能保证其表面棱角不因拆除模板而受损后方可拆除，先松动穿墙螺栓，再松开地脚螺栓使模板与墙体脱开。脱模困难时，可用撬棍在模板底部撬动，严禁在上口撬动、晃动或用大锤砸模板，拆除下的模板要及时清理板面。模板与墙面黏结时，禁止用塔吊吊拉模板，防止将墙面拉裂。

3.门洞口模板拆除

松开洞口模板四角脱模器及与大模连接处的螺栓，撬棍从侧边撬动脱模，禁止从垂直面砸击洞口模板，防止门洞过梁砼拉裂。所有洞口宽大于 1 m 时拆模后立即用钢管加顶托回撑。

（五）工程验收

1.梁模板验收

梁模板验收时，检查梁模板的拼缝质量、截面尺寸、标高、模板加固、支撑情况等项，全部验收合格后，方可进行下道工序施工。

2.板模板验收

板模板验收时，检查板面标高、拼缝质量、表面平整度、模板支撑等项。

3.剪力墙模板验收

剪力墙模板验收时，检查模板垂直度、拼缝质量、表面平整度、截面尺寸、模板加固、支撑情况等项。

4.模板安装允许偏差及检验方法

模板安装允许偏差及检验方法见表6-2。

表6-2 模板安装允许偏差及检验方法

项次	项目		允许偏差值（mm）		检查方法
			国家规范标准	优质标准	
1	轴线位移	柱、墙、梁	5	3	尺量
2	底模上表面标高		±5	±3	水准仪或拉线、尺量
3	截面模内尺寸	基础	±10	±5	尺量
		柱、墙、梁	±4，−5	±3	
4	层高垂直度	层高不大于5 m	6	3	经纬仪或吊线、尺量
		大于5 m	8	5	
5	相邻两板表面高低差		2	2	尺量
6	表面平整度		5	2	靠尺、塞尺
7	阴阳角	方正	—	2	方尺、塞尺
		顺直	—	2	线尺
8	预埋铁件中心线位移		3	2	拉线、尺量
9	预埋管、螺栓	中心线位移	3	2	拉线、尺量
		螺栓外露长度	+10，0	+5，0	
10	预留孔洞	中心线位移	+10	5	拉线、尺量
		尺寸	+10，0	+5，0	
11	门窗洞口	中心线位移	—	3	拉线、尺量
		宽、高	—	±5	
		对角线	—	6	
12	插筋	中心线位移	5	5	尺量
		外露长度	+10，0	+10，0	

第三节　钢筋工程施工

在钢筋混凝土结构中，钢筋的施工质量对结构的承载力起着至关重要的作用。同时，由于钢筋工程属于隐蔽工程，当混凝土浇筑后，无法检查钢筋的质量，因此从钢筋原材料的进场验收到一系列的钢筋加工，直至最后的绑扎安装，都必须进行严格的质量控制，以确保钢筋混凝土结构的质量。

一、钢筋概述

（一）钢筋的种类

钢筋的种类很多，钢筋混凝土结构工程中常用的钢筋就其外形和使用的级别可分为光圆钢筋和螺纹钢筋（月牙形、螺旋形、人字形钢筋等）。光圆钢筋又分为盘圆钢筋（直径不大于 10 mm）和直条钢筋（直径在 12 mm 及以上），直条钢筋长度一般为 6～12 m，也可根据需方要求的尺寸供应。螺纹钢筋一般都为二级以上钢筋，供应形式为直条型。

（二）钢筋进场的验收

钢筋进场时，应有产品合格证、出厂检验报告，并应按品种、批号和直径分批验收。验收内容包括钢筋标牌和外观检查，并应按有关规定抽取试件进行钢筋性能检验。

（1）外观检查。钢筋外观应进行全数检查。检查内容包括外形、尺寸是否符合规定，钢筋有无损伤，表面是否有裂纹、油污及锈蚀等。钢筋表面不应有影响钢筋强度和锚固性能的锈蚀或污染。钢筋的外观不得有结疤和折痕，表面凸块不得超过横肋的最大高度，也不得有深度超过 0.2 mm 的凹坑，弯折过的钢筋不得敲直后作受力钢筋。

（2）钢筋性能检验。钢筋性能检验可分为力学性能检验和化学成分检验。当一次进场的数量大于该产品的出厂检验批量时，应划分为若干个出厂批量进行抽检。当一次进场的数量小于或等于该产品的出厂批量时，应作为一个检验批量，然后按出厂检验的抽样方案检查。对连续进场的同批钢筋，如有可靠依据，可按一次进场的钢筋处理。

做力学性能检验时，应从每批钢筋中任选两根，每根截取两个试件分别进行拉伸试验和冷弯试验，如有一项检验结果不符合规定，则应从同一批钢筋中另取双倍数量的试件重做各项检验；如果仍有一个试件不合格，则该批钢筋为不合格产品，应不验收或降级使用。当发现钢筋脆断、焊接性能不良或力学性能不正常时，应对钢筋进行化学成分检验。

二、钢筋加工

为了使钢筋外观满足相关质量规范要求，应在钢筋进场前对其进行相关质量检查，确保钢筋外观质量符合相关规定。因此，对于钢筋的选材，应该选择较为平直的，并且钢筋表面没有丝毫损伤，没有裂痕，表面没有附着杂质的。弯曲状态的钢筋被敲直后不能再进行使用。钢筋的质量对于混凝土的稳定性有着巨大的作用，唯有保证钢筋质量满足国家相关技术标准，才能保证建筑工程中混凝土的稳定性。基于此，应该对钢筋进行全面的质量监控，选择有质量检验合格报告的钢筋，进入施工现场后再进行相应的抽查工作。

不同建筑工程对于钢筋的用量有所不同，即使建筑工程不同位置，钢筋用量也会有差异，而其差异也会导致相关工作人员在现场进行抽查工作时，并没有统一的指标。因此，在对钢筋进行检查的过程中，部分单位根据钢筋用量实行了标准化规则，此时应该严格按照标准化要求对钢筋进行合理的施工作业。在质量检测过程中，应该考虑钢筋进场数量以及是否超出出厂批量。如果超出相关批量，那么在进行进场前检查时应该根据相关钢筋量合理地对其划分，建立科学的出厂检验计划，按照相关钢筋质量检查开展相关施工工作。如果进入现场的钢筋量并没有超过出厂批量，就不需要对其进行划分，只需按照相关出厂检查规定进行合理的抽查工作。同一批钢筋进行检查作业时，应该按照相关参数进行合理的检查。

钢筋在进行制作以及加工时，首先应该按照钢筋加工以及制作的相关设计方案进行操作，根据设计方案重复检查，根据相关参数科学检查，根据相关指标进行合理的漏洞筛查，以免出现错误，引起不必要的施工损失，确保钢筋加工过程符合相关技术规定，并在进行较为详细的检查工作后，进行实物检验。现场施工过程中，若是钢筋没有完整的种类、级别等，就应该及时进行替换。为了确保对设计图纸的理解没有任何偏差，应该掌握设计图纸，按照相关技术要求，对钢筋混凝土进行相应的设计工作。符合标准的钢筋应外表干净，没有附着物质，若是存在油污等物质应该在使用前进行有效的清理；对于钢筋调直最好选择机械手段，或者冷拉。使用冷拉对钢筋进行相应的调直工作时，应该严格按照相关钢筋参数以及冷拉率进行合理的冷拉；在对钢筋进行切断工作时，应该严格按照钢筋的型号、直径等相关参数合理切断，搭配适宜，以节约钢材为主要目的。

（一）钢筋除锈

如果保管不善或存放过久，钢筋表面就会结成一层铁锈，铁锈会影响钢筋和混凝土的黏结力，并影响构件的使用效果，因此在使用前应将铁锈清除干净。钢筋的除锈可在钢筋的冷拉调直过程中同步完成（直径在 12 mm 以下的钢筋），也可用电动除锈机除锈，还可采用手工除锈（用钢丝刷、砂盘）、喷砂和酸洗除锈等方法。

（二）钢筋调直

钢筋调直可采用人工调直、机械调直和冷拉调直三种方法。人工调直是对直径在 12 mm 以下的钢筋通过小锤敲振或磨盘拉直进行的。机械调直是采用钢筋调直机来完成钢筋调直任务的。冷拉调直是采用卷扬机直接拉伸，在拉伸过程中使钢筋变形并同时使锈皮脱落。

（三）钢筋切断

钢筋切断常采用手动液压切断器和钢筋切断机。手动液压切断器可切断直径为 16 mm 以下的钢筋，该机具体积小、重量轻，便于携带。钢筋切断机能切断直径在 40 mm 以内的各种钢筋，但重量较大，使用前需要预先安置固定，不便经常移动。

（四）钢筋弯曲成型

钢筋的弯曲成型设备一般采用钢筋弯曲机、四头弯筋机。在缺乏机具设备的情况下，也可以采用手工弯制钢筋，用卡盘与扳头弯制常用的钢筋。对形状复杂的钢筋，在弯曲前应根据钢筋料牌上标明的尺寸划出各弯折点。

（五）钢筋连接

在钢筋混凝土结构中，钢筋根据所在位置和所用目的的不同，具有各种不同的形状和长度。对于一般的梁板柱，生产厂供应的钢筋基本都可以满足其长度要求；但当工程中需要较长的钢筋时，就要对钢筋进行连接。目前，在工程中，钢筋连接的方法主要是焊接连接和绑扎连接。

（1）钢筋的焊接连接。焊接连接是利用焊接技术将钢筋连接起来，普遍采用的连接方法有闪光对焊、电阻点焊、电弧焊、电渣压力焊和埋弧压力焊等。其中，电弧焊应用非常广泛，它是利用弧焊机在焊条与焊件之间产生高温电弧，使焊条和电弧燃烧范围内的焊件熔化，待其凝固后便形成焊缝或接头，常用于钢筋的搭接、钢筋骨架的焊接、钢筋与钢板的焊接、装配式钢筋混凝土结构接头的焊接及各种钢结构的焊接等。当用于钢筋接长时，其接头形式有帮条焊、搭接焊和坡口焊。

（2）钢筋的绑扎连接。在对钢筋进行绑扎作业时，应该在其接头和两端使用绑扎丝进行绑扎，并且搭接接头不能小于三个绑扣，钢筋搭接的部位应该使钢筋传力竖向，尤其针对柱、墙等部位的竖向绑扎应该更加稳固，若是搭接绑扎出现松动等不利现象，则混凝土在进行浇筑振捣过程中，搭接钢筋上部位置可能会有下坠情况，从而导致上部钢筋搭接长度不够；墙、柱等骨架应该进行竖向钢筋网交叉点绑扎；全数绑扎剪力墙钢筋网、拉筋等相关交叉点；框柱等相关构件也应该按照相关技术规范进行绑扎工作；间隔交错绑扎应该应用于钢筋网边缘；相关箍筋弯钩应该顺着纵向受力钢筋位置进行相应的分布。为了确保构件受力方向稳固，应该在地梁封闭等规定位置进行交错分布，于基础底板部位进行开口箍的相应设置；部分相关构件顺着梁上方钢筋进行合理的交错分布，确保构件受力均匀；构造柱纵向钢筋应该考虑承重结构，并将其进行绑扎工作。两者的有效连接，一定程度上能够避免植筋施工带来的不利影响，在对浇筑混凝土进行浇筑框架等结构受力时，应该在进行二次施工作业时，再次进行浇筑混凝土工作。

钢筋的绑扎连接是用规格为 20～22 号的镀锌铁丝将两根钢筋搭接绑扎在一起，其工艺简单、工效高，不需要连接设备，但需要有较长的搭接长度，因而增加了钢材用量，且接头的受力性能不如焊接连接。因此，规范规定，轴心受拉及小偏心受拉杆件的纵向受力钢筋不得采用绑扎搭接接头，直径大于 28 mm 的受拉钢筋和直径大于 32 mm 的受压钢筋，也不宜采用绑扎搭接接头。同时规定钢筋绑扎接头宜设置在结构受力较小处,在接头的搭接长度范围内,应至少绑扎3点,绑扎连接的质量应符合规范要求,同时钢筋的搭接长度也不得小于相关规定的长度。

钢筋安装应该选择固定钢筋的最佳位置,并且应该配置专业的定位构件,其应该具有较强的承载力、刚度等,且耐久性要强。依照钢筋工程施工中对定位件数量、固定方式等的要求,应该保证钢筋处于混凝土构件的最佳部位。钢筋定位件包括水泥砂浆等相关构件。定位件的应用,可以有效控制钢筋混凝土的保护层厚度,并对施工过程中尺寸的差异进行控制。定位件能够作用钢筋混凝土的较小厚度保护层,对钢筋排距也有一定程度的调控;形态较为细长的定位件应该具有相对的刚度要求,以免因不稳定而引起麻烦。定位件保存于混凝土部件中,定位条不能使混凝土结构的耐久度下降。从耐久性角度考虑,不能于梁、柱等相关框架保护层中选用金属定位部件,因为金属定位部件会保留较长时间,容易受到氧化腐蚀,从而出现锈蚀等不利情况,进而影响混凝土相关构件的耐久性。

为了控制混凝土保护层的厚度,常将预制水泥砂浆垫块垫在钢筋与模板之间。垫块的厚度即为保护层厚度,也可采用钢筋扎头固定在钢筋与模板之间,垫块或钢筋扎头一般布置成梅花状,间距不超过1 m。当梁中有双排钢筋时,两排钢筋之间应支垫直径大于25 mm的短钢筋,以保持其间距。基础底板采用双层钢筋网时,应在上层钢筋网下面设置钢筋撑脚或混凝土撑脚,以保证钢筋位置正确;撑脚间距一般小于1 m。尤其是对于雨篷、阳台等悬臂板,更需严格控制上部弯矩钢筋的位置,以免拆除模板后悬臂板断裂。墙中采用双层钢筋网时,也应设置撑铁,以保持两层钢筋的间距,撑铁可用直径为6~10 mm的钢筋制作。

钢筋的绑扎应与模板安装相配合。柱与墙内钢筋的绑扎应在模板安装前进行。梁的钢筋一般在梁底模板上绑扎。当梁的高度较小时,也可在梁模板的顶部架空绑扎钢筋，然后再落位。板的钢筋绑扎在模板安装完毕后即可进行。

三、预应力钢筋混凝土施工工艺

管理人员应对预应力钢筋混凝土 T 梁预制的施工工艺的各个环节加以严格控制，从而确保 T 梁预制技术能够在工程项目中充分发挥作用。通常 T 梁预制的施工步骤为：准备工作→安装底模→钢筋加工与绑扎→波纹管预埋→侧模安装→混凝土浇筑→养生→预应力钢绞线的制作、穿束、安装锚具→预应力张拉→压浆→封端→养生→出模存放。

以下针对部分工艺进行论述。

（一）施工准备工作

预制场所的建立、场内设备的安装、模板的加工与安装和预应力张拉设备的调试是预制 T 梁施工准备工作的关键。为便于吊装相关设备，需要在施工前设置好专用龙门吊，同时铺设好运送箱梁的轨道设施。采用 20 cm 左右厚度的片石混凝土作为工程预制 T 梁的基础，然后在浇筑时采用 C30 混凝土完成相关作业。梁底宽度与台座宽度彼此制约，同时需设置角钢护边在台座两侧。设置反拱形式的台座，以便对起拱度实行更好的控制。此外，为了对模板进行固定，还需设置好预留拉孔。在施工环节中，建立并完善监理与质量巡查制度，并对张拉吨位的精确性加以确认，从而进一步确保施工质量符合设计与标准要求。与此同时，为杜绝漏浆现象的发生，应使用橡胶条来对模板的接缝处进行密封，用台座的预埋拉杆将底模与侧模拉紧。使用龙门吊上的电动葫芦来完成模板的装拆起吊作业。最后需要检查各部位的安装情况，确保拼装误差与设计和规范要求相一致。

（二）钢筋加工与绑扎

在钢筋下料之前，应对钢筋的数量、规格尺寸以及类型等参数进行校验，并且通过切断设备完成截断下料钢筋规格的作业，保证钢筋质量符合施工要求。按照与实际相符的比例在弯曲机平台中实行，而后在规定的存储场地将放大样弯曲弯制后的钢筋挂牌放置于此，同时应注意将钢筋按规格分类摆放。为将布筋尺寸控制合理，绑扎钢筋骨架需要首先将钢筋间距线在底座中设置完备，之后再对底板纵筋与箍筋实行绑扎作业。绑扎腹板钢筋的顺序应注意按照从中间向两端的顺序实行，端头钢筋应最后完成绑扎作业。检查绑扎作业的完成情况时需注意定位网位置的准确率（应为100%）。

（三）波纹管预埋

为保证钢筋不与波纹管位置发生干涉，应在仔细排查完定位网钢筋的位置后安装波纹管道。结构筋在电焊牢固前，应将波纹管的位置准确定位，随后将波纹管插入并牢固绑扎。波纹管的绑扎接头应牢固可靠，并且无孔洞出现其中。为确保安装后的波纹管不出现漏浆堵塞，应使用胶布缠好各管接头。

（四）混凝土浇筑

为保证混凝土浇筑作业顺利进行，确保混凝土浇筑质量达标，必须在浇筑前检查模板接缝处。与此同时，保证对拉螺杆紧密连接，模板支立可靠牢固。使用混凝土运输车来输送工程所使用的混凝土，在料斗内卸下运输至施工现场的混凝土。使用龙门吊将其吊入模具内，其中连续灌注法是 T 梁预制施工工艺常用的作业方法。对 T 梁采用水平分层、纵向分段的方式实行浇筑作业。浇筑作业需从两端开始至梁的 3/4 处，当两端完全合拢后即可停止浇筑作业。

（五）预应力钢绞线的制作、穿束、安装锚具

孔道使用空压机清理之后，方可实行预应力钢绞线的穿入作业。按照下料长度将钢绞线切割完毕后，按照 1.5 m 左右的间距来绑扎钢丝。堆放时应注意设置防雨和阻止其弯折的保护措施，并在其上设置编号并挂牌。为避免出现端部松散现象，应将钢丝绑扎在距离端部大约 5 cm 处。编束按照设计图纸实行，钢绞线通过穿束机作用逐根穿过孔道，同时为防止钢绞线彼此缠绕并保持其通畅，需要在穿入作业完成后反复回拨几次钢绞线。将标记做在钢绞线两端，模板中的每一根钢绞线均有其固定位置。在实行外观检查时，不得使用端部出现松散的钢绞线。

（六）预应力张拉施工

张拉设备不得在没有检修的情况下连续工作超过 3 个月。检修完成后需实行校验，其中将千斤顶、压力传感器等装置安装在反力框架处，以便对其实行校验，通常由计量部门完成校验工作并实行认证。作业人员只有持有专门培训机构颁发的证书才能进行张拉作业。此外，张拉机具必须有检测部门经过校验后颁发的检测合格证明。警告标志与防护栏应设置在作业区域外侧，禁止闲杂人等进出作业区域。禁止使用无任何质量证明的压力仪表以及千斤顶等设备。使用油顶张拉时应将相匹配的锚具、卡具配备在两端部，并将警告标志放置在两端。应在张拉作业前对锚具、卡具以及钢绞线进行检查，以便确认其是否完好无误。必须按照规定流程实行张拉作业，如发现油压异常，需立即停机进行处理。

（七）压浆施工处理

真空灌浆为工程 T 梁压浆所采用的施工工艺。使用真空泵将孔道的一段抽真空，使其真空度达到 −0.1 MPa，随后将配制好的特种水泥通过灌浆泵灌入另

一端的孔道，待孔道被完全充满后，为提升灌浆的饱和度，应对其作用不大于 0.7 MPa 的正压力。矿渣硅酸盐水泥与 425 号普通硅酸盐水泥均可作为压浆材料。通常来讲，前者不适合在寒冷季节与地区使用，所以建议使用流动度为 120～170 mm，水灰比为 0.4～0.45 的硅酸盐水泥，注意其 3 h 的泌水率不得大于 3%。为确保水泥强度不低于 M40 级，可适当地将膨胀剂和减水剂加入水泥浆中，并可提升压浆质量。压浆作业应尽快实行并需要注意由低至高、自上而下的作业顺序。为使压浆质量与设计要求相符合，锚具端面在压浆作业前应使用专用封锚工具密封严实，进而杜绝从夹片处有水泥浆渗透出来。为确保压浆顺利，水灰比可在一定范围内自由调整。可在贮浆桶放置搅拌均匀后的水泥浆，为防止出现破坏水灰比的泌水沉淀现象，应确保搅拌与压浆一同进行。压浆前，应保证桶内有充足的水泥浆，以便孔道被充分填满。尽量不要在压浆过程中停机，需要等到另一端有水泥浆喷出后再将气孔堵塞，待压力达到 0.7 MPa 后方可停止灌浆泵运转。待压力下降后再开机升压，待其达到之前的压力后再对下一孔道实行压浆作业。

第四节　大体积水工混凝土施工

一、大体积混凝土的定义

大体积混凝土指的是最小断面尺寸大于 1 m 的混凝土结构，其尺寸已经大到必须采用相应的技术措施来妥善处理温度差值，合理解决温度应力并控制裂缝。大体积混凝土的特点是结构厚实，混凝土量大，工程条件复杂（一般都是地下现浇钢筋混凝土结构），施工技术要求高，水泥水化热较大（预计超过25℃），易使结构物产生温度变形。大体积混凝土除对最小断面和内外温度有一定的规定外，对平面尺寸也有一定限制。

二、控制浇筑工艺及质量的途径

（一）混凝土的浇筑

（1）在浇筑底板混凝土时需要根据标准的浇筑顺序严格进行。施工缝的设置需要固定于浇带上，且保持外墙吊模部分比底板面高出 320 mm，在此处设置水平缝，底板梁吊模比底板面高出 400～700 mm，这一处需要在底板浇筑振捣密实后再完成浇筑。采用 Φ16 钢筋实施人工振捣，确保吊模处混凝土振捣密实。在浇筑过程中需要保持浇筑持续进行，结合振捣棒的实际振动长度分排完成浇筑工作，避免形成施工冷缝。

（2）膨胀加强带的浇筑。根据标准顺序浇筑到膨胀带位置后需要运用 C35 内掺 27 kg/m^3 PNF 的膨胀混凝土实施浇筑，膨胀带主要以密目钢丝网隔离为主，钢丝网厚度大于 1 000 mm。

（二）混凝土的振捣

施工过程中的振捣通过机械完成。施工时要把握实际情况，禁止漏振、过振，摊灰与振捣需要从合适的位置进行，以免钢筋及预埋件发生移动。由于基梁的交叉部位钢筋相对集中，因此振捣过程要留心观察，交叉部位面积小的地方，应从附近插振捣棒；交叉部位面积大的地方，需要在钢筋绑扎过程中设置 520 mm 的间隔，并保留插棒孔。振捣时必须严格根据操作标准执行，浇筑至上表面时根据标高线用木杠或木抹找平，以保证平整度达到标准。

（三）底板后浇带

用密目钢丝网隔开，钢丝网加固竖向以 Φ20@600 为主，底板厚度控制在 900 mm 以上，在竖向筋中部设置一道 Φ22 腰筋。施工结束后将其清扫干净，并做好维护工作。膨胀带两侧与内部浇筑需要同时进行，内外高差需低于 350 mm。

（四）混凝土的找平

底板混凝土找平时需要把表层浮浆汇集在一起，并在人工方式清除后实施首次找平，将平整度控制在标准范围内。混凝土初凝后终凝前实施第二次找平，主要是为了将混凝土表面微小的收缩缝除去。

（五）混凝土的养护

养护对大体积混凝土施工是极为重要的，养护的最终目的是保证合理的温度和湿度，这样才能使混凝土的内外温差得到控制，以保证混凝土的正常使用。对于大面积的底板面，一般可采用先敷一层塑料薄膜后包两层草包的方法来做保温、保湿养护。养护过程随混凝土的内外温差、降温速率而不断调整。应结合工程实际适当增加维护时间，拆模后应迅速回土保护，避免受到骤冷气候影响，出现中期裂缝现象。

（六）测温点的布置

承台混凝土浇筑量体积较大，其地下室混凝土浇筑时间多在冬季，需要根据施工要求用电子测温仪对其测温。混凝土初凝后 3 d 持续每 2 h 测温 1 次，将具体的温度测量数据记录好，测温终止时间为混凝土与环境温度差在 15℃内，对数据进行分析后再制订出相应的施工方案以实现温差的有效控制。

三、注意事项

（一）泌水处理

大体积混凝土浇筑、振捣时经常发生泌水问题，当这种现象较为严重时，会对混凝土强度造成影响。这就需要采取有效的措施对泌水进行消除。通常情况下，上涌的泌水和浮浆会沿着混凝土浇筑坡面流进坑底。施工中按照施工流水情况，把多数泌水引入排水坑和集水井内，再用潜水泵进行处理。

（二）表面防裂施工技术的重点

大体积泵送混凝土经振捣后经常出现表面裂缝。在振捣最上面一层混凝土时需要把握好振捣时间，防止表面出现过厚的浮浆层。外界气温也会在混凝土表面与内部形成温差，气温的变化使得温差大小难以控制。浇捣结束后用 2 m 长刮尺清理剩下的浮浆层，再把混凝土表面拍平整。在混凝土收浆凝固阶段禁止人员在上面走动。

第七章　水利工程渠系建筑物施工

第一节　渠道施工

近些年，国家大力开展水利工程建设，水利工程已经成为重要的民生工程，其中水利渠道工程是水利工程的重要项目之一，也是最为基础的水利工程项目。

一、水利渠道的各环节施工

（一）水利渠道的开挖施工

水利渠道施工的第一步是开挖施工，开挖前要进行全面测量和勘察，主要是了解施工区域的地质情况，制订施工方案。另外，在测量方面要尽量精确，一般测量精度要达到千分之一。然后按照水利渠道的施工图找准坐标，在开挖范围的周围做好边界线；完成边界线后进行地表清理工作，从而达到施工启动要求。开挖施工要自上而下，按照施工组织方案进行分段施工，并及时与设计图纸对照，如果出现偏差，就应及时更正，以保证施工质量。在完成水利渠道的开挖施工节点后，要组织相关人员进行节点确认和质量检查。

（二）水利渠道的边坡修整

水利渠道施工的第二步是边坡修整，本阶段的工作主要是控制好桩的位置和做好放线工作。放线位置一定要准确，做好对长短线的控制，可以先对重点位置进行施工，然后再处理较难的位置。如果是机械边坡修整，则应当控制好桩位，桩位要严格按照设计图纸进行布置，不能由施工单位私自确定，同时要做好桩位的标记，做好记录工作，项目负责人要确保边坡修整工作的质量。

（三）水利渠道中无砂混凝土管的铺设

水利渠道施工中无砂混凝土管的铺设非常重要，技术含量比较高，施工单位应当重视此项工作，并配备具有相关工作经验的人员进行施工。首先要对渠底面进行清理，达到一定的平整度，然后按照国家的有关施工标准，在渠底面垫上一定厚度的砂砾料和土工布，通过吊机把无砂混凝土管按照设计的位置吊装好，固定好方向。一般无砂混凝土管的接口可以采取平接的方式，再用砂浆处理，用土工布将无砂混凝土管的接口密封，两边密封的距离要满足设计的要求，确保施工质量。

（四）渠道中砂砾料的铺设

水利渠道施工中有道工序是铺设砂砾料，在渠道的底部和两侧都要进行砂砾料的铺设，这个铺设厚度根据项目的不同有所不同，但是都应当根据设计要求进行，太厚会造成浪费，太薄将达不到做基础的作用。砂砾料的铺设可以采用人工铺设，也可以用机械铺设，施工面太大或工期要求非常紧时尽量采取机械铺设。铺设完成后，要进行夯实工作。夯实时要不断浇水，保证砂砾料的密实度。

（五）渠道施工中土工膜的铺设

水利渠道施工中土工膜铺设的重点是要注意焊接方式和土工膜的清洁。土工膜要从渠道的顶端向底面的方向进行铺设，保证一定的平整度。土工膜与砂砾料之间尽量密实，不要有太多空隙。土工膜之间的焊接方式应当采取热熔的方式，确保焊接质量，同时在接口位置预留一定的距离，保障人员和车辆的来往。接口的焊接质量是施工质量的关键节点，应当由专业人员进行施工操作，不能出现不平整的现象，要配备质量监督人员，确保各项焊接工作满足国家相关技术规范的要求。如果出现质量问题，应当及时处理，以免为水利渠道埋下安全隐患。

（六）渠道边坡混凝土的衬砌施工

在进行渠道边坡的衬砌之前，首先要对衬砌机进行选择。如果采用的是轨道式衬砌机，就必须先对轨道进行设计和铺设。轨道的基底要保证平整和密实，这样才能保证衬砌的质量和控制渠道边坡衬砌的厚度。在进行混凝土的布料之前，需要对混凝土进行塌落度检测，以确保混凝土的质量。将混凝土熟料运输到布料机的进料口，由布料机将混凝土均匀地摊铺在渠道的边坡的衬砌面，在渠道边坡的上下端选用和衬砌厚度相同的槽钢作为模板，用沙袋或者木桩进行固定，从而避免边角的混凝土坍塌。布料完成后，用混凝土进行铺摊，使混凝土在坡面上均匀分布，然后进行振捣，初次振捣以后用滚筒将混凝土压实，再用平板振捣器进行复振。最后用地面磨光机对混凝土提浆和初次磨光，在地面磨光机工序结束后，在混凝土表面浆体初凝的时候进行人工收面，人工收面时一定要在工作架上进行，不能在混凝土的表面进行直接的行走。

二、水利工程渠道施工技术的研发和落实

（一）加强对新型施工材料的研发和利用

渠道施工是水利工程项目在规划和建设过程中非常重要的一部分，渠道施工的质量，将会直接影响水利工程在日常使用时的功能发挥，同时还会影响农业生产过程中对水源灌溉的个性化需求。所以，在对渠道施工技术进行分析时，为了保证该施工技术可以在实践中得到有效落实，为渠道施工质量提供保障，需要对施工材料进行合理选择。在施工过程中，施工材料的选择较为重要，如果在施工材料方面出现质量问题，那么将直接导致整个渠道的质量受到影响。所以，在施工材料的选择和利用过程中，要尽可能避免出现材料短缺等问题。

要想加强对新型施工材料的研发和利用，就要做到以下几点。首先，一些科研机构或者材料生产公司要重视创新，加大技术投入，将水利工程渠道施工材料的研发力度逐渐提升上来。同时，要保证这些新型材料在研发过程中的有效性和针对性，这样才能够为渠道施工的顺利开展打下良好基础。其次，对于建设单位而言，在对各种不同类型的施工人员、技术人员等进行选拔和聘用时，要对这些参与到施工项目中的工作人员进行综合分析，特别是要从专业特征、职业素养等方面着手。与此同时，还要适当参考一些设计师对这些一线员工的意见和建议。这样不仅可以保证这些人员在施工材料的选择和利用中更具针对性和专业性，将这些人员在渠道施工中的作用和价值充分发挥出来，而且可以保证渠道施工项目的顺利开展。

（二）加强对专业测量工具的开发和利用

渠道施工的质量，对农业生产、日常灌溉等具有非常重要的影响和作用。由于我国地质条件具有一定的复杂性，所以在开发和建设水利工程渠道项目

时，在最初的设计阶段，会遇到很多阻碍，导致测量结果出现偏差。为了保证测量结果的准确性和有效性，通常需要借助一些专业的测量工具。调查发现，当前我国在专业测量工具研发方面还处于起步阶段，有些人员还没有充分掌握相关测量工具的使用方法，这在一定程度上阻碍了渠道设计阶段测量工作的顺利进行。在这种背景下，为了从根本上推动水利工程项目渠道施工的顺利开展，保证前期的设计调研数据、测量结果的真实性和有效性，相关部门以及科研机构要加强对专业工具的研发和利用。虽然我国建设单位的数量比较多，但是有些建设单位在日常运作和发展过程中，并没有制定和落实符合实际要求的准入标准。所以要改善这一现状，就要结合实际情况，落实符合实际要求的高标准，这样可以使建设单位自身的能力、建设水平等得到有效提升，为推动我国水利工程渠道施工的顺利开展打下良好基础。

第二节　水闸施工

一、水闸施工技术

（一）开挖工程技术的应用

在具体施工中，需要调整施工方案，选择合理的开挖工程施工技术，确保后期水闸施工工作能够顺利开展。而在进行土方开挖时，现场专业技术人员要积极配合施工管理人员，对水闸施工现场的地质条件、水文条件等进行全面勘查，再结合现场实际情况，选择开挖断面。尤其是在开挖过程中，要确保断面的强度尽量符合水闸的实际要求，避免发生不必要的资源浪费。此外，施工人员还要明确水闸开挖的中腰线，并以此为据，进行开挖作业，确保施工开挖工程和设计方案的规定保持一致。

（二）金属结构工程施工技术的应用

金属结构工程施工是水闸施工的核心环节，其施工质量直接决定了整个水闸工程的运行效率和工作性能，因此在具体施工中，要结合水闸施工的具体工艺要求，通过分片运输和整体运输相结合的方法，完成金属结构工程施工任务。并且在具体施工中，还要有专业技术人员和工程监理从旁指导和监督，保证施工质量符合水闸施工设计标准。施工人员还要采用先进的设备和仪器对金属结构的质量进行检测，保证金属结构工程符合水利工程水闸施工技术方面的标准和要求。此外，在进行焊接操作时，要高度重视预埋件的状态，检查其是否存在变形情况，如果超过了设计允许范围，就要立即采取相应的补救措施，切实做好矫正工作，保证水闸施工的总体质量。

（三）混凝土工程施工技术的应用

在水闸工程施工中，混凝土施工是核心环节，所选择的混凝土强度必须满足水闸运行对强度的要求，因此在混凝土浇筑之前，需要对配制好的混凝土进行质量检测，确认达到设计要求后，才能进行混凝土浇筑，以保证混凝土工程施工的安全性和可靠性。根据水利工程的性能、规模、库容等因素，合理配制混凝土，并对混凝土原材料的质量和性能进行全面检查，达到要求后再按照试验确定的配合比配制混凝土，满足水闸施工对强度的要求，通过此种方法，还能实现对施工成本的良好控制。在水闸混凝土施工中，温度裂缝是客观存在的，很难从根本上规避，同时也是常见的质量问题。引发温度裂缝的因素有天气、温度、混凝土配比、水泥型号、添加剂等，这些都会影响整个水闸工程的质量。而在进行水闸工程施工中，无论是水闸底板还是闸墩都由大量混凝土浇筑而成，因此施工人员必须严格控制混凝土浇筑时的温度，以抑制混凝土裂缝的形成，确保水闸工程的总体施工质量。

（四）导流施工技术的应用

（1）确定导流施工方案。在水闸施工中，导流施工的方法很多，其具体施工方案也各不相同，需要结合工程特性，选择与之相适的导流方案。大量水利工程施工实例表明，地形地貌、水文地质条件、气候环境因素等对水闸施工质量都有较大影响。因此，为保证水闸施工质量，在施工之前，就需要在两岸设置围堰，并保证围堰施工的质量和稳定性。在具体施工过程中，存在岸坡地质条件不稳定等问题，这就需要采取有效的支护措施进行处理。围堰是一种临时性工程，最后是需要拆除的，在围堰施工时要尽量降低结构的复杂性，但要具有一定的抗冲刷能力。

（2）合理选择截流方式。在选择截流方式时，要结合施工经验，编制截流程序，通过计算机软件技术构建截流模型，并进行模拟试验，为选择截流方式提供数据支持。但无论选择哪种截流方式，在施工中都要做好护堤工作，并保证护堤的宽广性和严密性，对水体的流速、移动规律、流量等进行全面分析，并进行周密安排。

二、水闸施工的技术要点

（一）闸门预埋件施工

闸门预埋件对于整个工程质量具有重要作用，其位置的准确性会对后期设备安装工作具有直接影响，在施工过程中，工作人员需要注意以下几方面内容：第一，在进行预埋件安装之前，工作人员需要完成确定中心的工作，主要方法是施工人员需要测量门槽横向中心线以及空口中心线，两者之间的交点即为预埋件的中心线。另外，水利工程中的水闸施工对于预埋件的质量要求较高，所以工作人员在采购过程中应保证预埋件材料达到施工要求的强度和稳定性。并且工作人员需要妥善保存预埋件，避免出现变形、破损等问题。第二，在确定预埋件的中心位置后，需要安装主轨、侧轨等部分的预埋件，在此过程中施工人员需要运用点焊的方式，将预埋件固定在合适的位置，然后运用设备进行测量，当确定位置准确，不会对后期工程产生影响后，进行加固工作，固定方式一般根据预埋件的位置而确定。第三，为保证预埋件的稳定性，施工人员需要运用混凝土浇筑的方式，确保工程质量，在完成施工后，施工人员需要运用仪器进行检测。

（二）闸门板施工

在进行闸门板施工的过程中，工作人员需要注意以下几方面内容：首先，在进行闸门板施工时，工作人员需要完成支绞座安装工作，主要的工作方法为，施工人员需要运用机械设备把支绞座吊起来，对准预埋件的螺栓，然后拧紧，达到固定的目的。其次，施工人员需要把门叶的下部、支臂先后调入门槽中，当此项工程完成后，施工人员需要对仪器进行检查，保证尺寸合理，如果发现问题需要及时进行调整，保证无误后进行焊接工作。最后，完成焊接工作之后，工作人员需要清除临时焊件，仔细检查施工内容，修复其中的焊缝，将过流面及工作面的焊疤和焊缝余高铲平磨光，凹坑应补焊平并磨光，清除其中的杂物。在整个闸门完成安装后，施工人员需要在无水的情况下进行启闭试验，保证闸门能够顺利运行。另外，施工人员还需要做好防腐工作，以延长闸门的使用寿命。

（三）水闸混凝土施工

混凝土是水闸施工中的主要材料之一，所以施工人员应对其加以重视，确保混凝土的质量符合工程的要求。施工人员在进行混凝土浇筑工作之前，需要安排施工的次序，按照先浇筑较高的部位的原则进行施工。另外，施工人员还需要控制好混凝土的温度，保证施工质量。

（四）导流施工

水利工程水闸施工会受到潮汐的影响，所以工作人员在施工过程中需要运用导流技术。第一，工作人员需要在施工前进行调查，全面了解当地的水文特点，进而采取基坑排水措施。主要方式是施工人员用结构简易、抗冲刷能力强的浆砌石围堰。第二，施工工人需要进行截流工作，主要有平堵、立堵及平立堵等方法，当截流位置在河床上时，河床的冲蚀、压缩等作用会产生变化，会对材料有不同要求，所以在施工过程中，工作人员需要准备不同种类的材料。

三、水闸施工注意事项

（一）沉陷缝填缝

工作人员需要注意水闸施工过程中的沉陷问题。如果在选址过程中，施工场地为软土，则水闸会受内、外两个部分的影响，产生沉陷问题，此时需要施工人员通过以下措施来降低产生沉陷的概率：

第一，施工人员需要选择合适的填充材料，并运用铁钉将材料固定在木板的侧后方，然后浇筑混凝土。在对沉陷缝两侧的结构同时浇灌混凝土的过程中，施工人员需要保证填充材料保持竖立。

第二，工作人员在沉降缝的一侧浇混凝土，在运用铁钉固定填充材料时，保证铁钉的三分之一露在混凝土外边，然后安装填料、敲弯钉尖。如果闸墩出现沉陷缝，施工人员就需要同时浇灌两侧的沉降缝。

第三，工作人员需要在翼墙设置沉降缝，通常情况下，仅需要在此部位设置沉降缝，一般从墙基础开始设置，施工人员需要保证缝面平整、垂直。在此过程中，施工人员需要注意沉降缝的位置，并要严格按照施工要求，保证沉降缝的作用。

（二）止水施工

水闸在挡水过程中，会出现水位差的问题，这会导致水闸与河岸连接的部位产生渗流现象，影响水闸的寿命，并且维修较为麻烦，所以施工人员需要进行止水工作。

第一，水平止水。在进行水平止水过程中，施工人员需要保证止水片在浇筑层的中间，并且在止水片高程处，不得设置施工缝。一般情况下，施工人员会运用塑料止水带，安装方式与沉陷缝填料一致。

第二，垂直止水。在进行垂直止水时，施工人员需要运用紫铜片作为止水片，在施工之前，工作人员需要对紫铜片进行退火处理，以提高其延伸率，便于加工和焊接，主要运用柴火退火，空气自然冷却。在灌注沥青时，工作人员需要按照沥青井的形状预制混凝土槽板。施工人员需要注意在浇筑混凝土时，不得冲撞止水片，当混凝土将淹埋止水片时，应再次清除其表面污垢。

第三，工作人员在采购止水片过程中，需要对材料进行严格控制，保证其满足施工的要求。采购人员在购买止水片时需要严格检查，避免出现质量问题。

（三）加强施工管理

完善管理制度，能够提高整个水闸工程的施工效率。第一，施工单位应完善用人制度，选择责任心强、技术高超的技术人员，为工程质量提供保障。第二，完善奖励制度，管理人员应根据工程情况、技术人员特点合理分配工作内容，对表现好的人员进行奖励，进而激发员工的工作动力，保证施工进度。第三，施工单位还应完善监督制度，监督人员需要对施工的各个环节进行监督，避免出现质量问题。监督人员应积极运用信息化设备，减轻自身的工作压力，提高工作效率。

（四）完善施工前准备工作

第一，工作人员在施工前应制订一个健全的方案。设计人员需要对水利工程进行全面考察，选择合适的施工工艺、材料、设备等，并加强与施工人员的沟通，及时更改设计图纸中出现的问题，为施工质量提供保障。

第二，对施工人员进行安全教育培训工作。在施工之前，施工单位应加强安全教育培训，让施工人员提前了解施工中可能出现的安全问题，提高其处理突发事故的能力，保证施工进度。

第三，在施工前，技术人员应排查施工中可能出现的问题，如冲刷问题。在开闸泄水过程中，如果水闸下游水位较浅，水流速度就会加快，此时就有可能在下游产生较为严重的冲刷问题，导致水闸失事。所以，工作人员在施工前要对施工现场进行检查，保证施工结束后不会出现此类问题。

第三节　衬砌施工

隧洞混凝土和钢筋混凝土衬砌的施工，有现浇、预填骨料压浆和预制安装等方法。

现浇衬砌施工，和一般混凝土及钢筋混凝土施工基本相同。下面仅就洞室衬砌施工的特点作一些说明。

一、平洞衬砌的分缝分块及浇筑顺序

平洞衬砌，在纵向通常要分段进行浇筑。当结构上设有永久伸缩缝时，可以利用永久缝分段。当永久缝间距过大或无永久缝时，则应设施工缝分段。分段长度一般范围为 4～18 m，视平洞断面大小、围岩约束特性以及施工浇筑能力等因素而定。

分段浇筑包括跳仓浇筑、分段流水浇筑、分段留空当浇筑等。当地质条件较差时，采用肋拱肋墙法施工，这是一种开挖衬砌交替进行的跳仓浇筑方法。对于无压平洞，结构上按允许开裂设计，也可采用滑动模板连续施工的方法进行浇筑，以加快衬砌施工，但施工工艺必须严格控制。

衬砌施工在横断面上也常分块进行。一般分成底拱（底板）、边拱（边墙）和顶拱，横断面上浇筑的顺序，正常情况是先底拱（底板），后边拱（边墙）和顶拱，其中边拱（边墙）和顶拱可以连续浇筑，也可以分块浇筑，视模板类型和浇筑能力而定。在地质条件较差时，可以先浇筑顶拱，再浇筑边拱（边墙）和底拱（底板）；有时为了满足开挖与衬砌平行作业的要求，洞底还未清理成形以前，先浇好边拱（边墙）和顶拱，最后浇筑底拱（底板）。后两种浇筑顺序，由于在浇筑顶拱、边拱（边墙）时，混凝土下方无支托，因此应注意防止衬砌的位移和变形，并做好分块接头处反缝的处理，必要时反缝要进行灌浆。

二、平洞衬砌模板

平洞衬砌模板的样式依隧洞洞型、断面尺寸、施工方法和浇筑部位等因素而定。

对底拱而言，当中心角较小时，可以像底板浇筑那样，不用表面模板，只立端部挡板，混凝土浇筑后用型板将混凝土表面刮成弧形即可。当中心角较大时，一般采用悬挂式弧形模板。施工时先立好端部挡板和弧形模板的桁架，后随着混凝土的浇筑，逐渐从中间向两旁安上悬挂式模板。安装时，要注意运输系统的支撑不能与模板桁架支撑连在一起，以防施工运输产生震动，引起模板位移走样。目前，使用牵引式拖模连续浇筑或底拱模板台车分段浇筑底拱也获得了广泛应用。

浇筑边拱（边墙）、顶拱时，常用桁架式或移动式模板。桁架式模板，由桁架和面板组成。通常是在洞外先将桁架拼装好，运入洞内安装就位后，再随着混凝土浇筑面的上升，逐块安设模板。钢模台车是一种可移动的多功能隧洞衬砌模板。根据需要，它可作顶拱钢模、边拱（墙）钢模以及全断面模板使用。

圆形隧洞衬砌的全断面一次浇筑，可采用针梁式钢模台车。其施工特点是不需要铺设轨道，模板的支撑、收缩和移动，均依靠一个伸出的针梁。

模板台车使用灵活，周转快，重复使用次数多。用台车进行钢模的安装、运输和拆卸时，一部台车可配几套钢模板进行流水作业，施工效率高。

三、衬砌的浇筑

衬砌混凝土浇筑之前，应做好修帮、清渣、清洗、立模、安绑钢筋和预埋管件等工作。

隧洞衬砌多采用二级配混凝土。对于中小型隧洞，混凝土一般采用斗车或轨式混凝土搅拌运输车，由电瓶车牵引运至浇筑部位；对于大中型隧洞，则多采用 $3\sim6$ m³ 的轮式混凝土搅拌运输车运输。在浇筑部位，通常用混凝土泵将混凝土压送并浇入仓内。泵送混凝土的配合比，应保证有良好的和易性和流动性，其坍落度一般为 $8\sim16$ cm。

四、衬砌的封拱

平洞的衬砌封拱是指顶拱混凝土即将浇筑完毕前，将拱顶范围内未充满的空隙和预留的进出口窗口进行浇筑、封堵填实的过程。封拱工作对于保证衬砌与围岩紧密接触，形成完整的拱圈是非常重要的。

封拱多采用封拱盒和混凝土泵封拱。

封拱盒封拱。在封拱前，先在拱顶预留一个小窗口，尽量把能浇筑的四周部分浇好，然后从窗口退出人和机具，并在窗口四周立侧模，待混凝土达到规定强度后，将侧模拆除，凿毛之后安装封拱盒。封堵时，先将混凝土料从盒侧活门送入，再用千斤顶顶起活动封门板，将盒内混凝土压入待封部位即告完成。

混凝土泵封拱。通常在导管的末端接上冲天尾管，垂直穿过模板伸入仓内。冲天尾管的位置应根据浇筑段长度和混凝土扩散半径来确定，其间距一般为 $4\sim6$ m，离浇筑段端部约 1.5 m。尾管出口与岩面的距离，原则上是越贴近越好，但应保证压出的混凝土能自由扩散，一般为 20 cm 左右。封拱时应在仓内岩面最高的地方设置通气管，在仓的中央部位设置进入孔，以便在进入仓内进行必要的辅助工作。

混凝土泵封拱的施工程序：①当混凝土浇至顶拱仓面时，撤出仓内各种器材，尽量筑高两端混凝土。②当混凝土达到与进入孔齐平时，仓内人员全部撤离，封闭进入孔，同时增大混凝土的坍落度（达 14～16 cm），加快混凝土泵的压送速度，连续压送混凝土。③当排气管开始漏浆或压入的混凝土量已超过预计方量时，停止压送混凝土。④去掉尾管上包住预留孔眼的铁箍，从孔眼中插入防止混凝土下落的钢筋。⑤拆除导管。⑥待顶拱混凝土凝固后，将外伸的尾管割除，并用灰浆抹平。

第四节　生态护坡施工

传统护坡工程多采用浆砌或干砌块石、现浇或预制混凝土等刚性材料护坡，这类护坡形式可以发挥出城镇河道的行洪、排涝以及水土保持等功效，且具有稳定性好、节省土地等优点。但是，随着社会经济的发展，人们的环保观念也越来越强，逐渐意识到这类护坡形式会对环境带来不良影响，容易引起生态退化。生态护坡不仅具有传统护坡的功能，还融入了景观、生态等方面的内容，可以实现人与自然的和谐共处。本节在对生态护坡概念分析的基础上，介绍了目前主要的生态型护坡技术，旨在为生态护坡技术的研究提供参考。

一、生态护坡的定义

生态护坡涉及的范围很广，目前国内外对其还没有明确的定义。绝大多数人认为岸坡上种植植物就是生态护坡，这是一个错误的概念。笔者认为生态不仅仅包括植物，它应是一个系统的概念。生态河道护坡应该包括两方面的内容：首先是护坡，特别是水位变动区的水土保持；其次是生态。二者的高度统一才是真正的生态护坡。

简而言之，生态护坡，是综合工程力学、土壤学、生态学和植物学等学科的基本知识对斜坡或边坡进行支护，形成由植物或工程和植物组成的综合护坡系统的护坡技术。开挖边坡形成以后，通过种植植物，利用植物与岩、土体的相互作用（相当于给土体加筋），对边坡表层进行防护、加固，使之既能满足对边坡表层稳定的要求，又能恢复被破坏的自然生态环境，因而是一种有效的护坡、固坡手段。

二、生态护坡的内涵

一是河道护坡满足防洪抗冲标准要求，要点是构建能透气、透水、生长植物的生态防护平台。

二是河道护坡满足边坡生态平衡要求，即要建立良性的河坡生态系统，由高大乔木、低矮灌木、花草、鱼巢、水草、动物滩地、迎水边坡、坡脚及近岸水体组成河坡立体生态系统。

生态护坡应是"既满足河道体系的防洪要求，又有利于河道系统恢复生态平衡"的系统工程，前一个要素是人对自然的要求，即人为了社会经济的发展和安全改造自然；后一个要素反映了人对自然的尊重，即改造自然但不破坏自然的平衡。二者结合体现了"人与自然和环境协调发展"理念。

三、水利工程中河道生态护坡施工技术原则

在生态护坡技术使用过程中，应立足于特定环境，以各类动植物为对象，提高对其固定的重视程度，更为高效地应用生物护坡系统，尽可能使防洪排涝效果最大化。在此基础上有效应用生态植被根部系统，充分发挥其稳定性，以此丰富土壤养分，及时加固坡体，降低成本，形成具有较强观赏性的景色，不仅治理河道，而且通过应用生态护坡技术，提高河道价值。在一些国家，护坡技术已经取得较大成果。不过，我国尚处于发展阶段，依然存在一些问题，当设计生态护坡的时候，应该注意五个方面的内容。第一，在生态设计过程中，应该密切关注附近植物，紧密联系河道建设，分别以植物生长和环境为对象，提高对两者关联的重视程度，当进行生态护坡设计时深入思考植物需求。第二，当设计生态护坡时，应该密切关注护坡，加强对其渠道以及堤防作用的思考，通过生态设计实现成本降低的目的。第三，当进行设计的时候，应该提高对环境美化的重视程度，为生态护坡提供重要保障，不仅使其达到刚建要求，而且实现环境兼容，尽可能将景观效果发挥到最大。第四，全面、深入探析水文水位，了解与掌握附近植物状况，确保所选择的植被可以适应当地环境。第五，以护坡生态系统为对象，选择与之相符的植物，充分分析经济效益，达到观赏人员所提出的亲水需求。

四、河道生态护坡施工技术要点

（一）自然原型护坡施工技术

在河道生态护坡施工技术应用过程中，以自然原型河道为基础开展护坡施工过程，有利于提高河道生态系统的平衡性以及协调性。在自然原型河道护岸施工过程中，要充分体现出生态湖泊的设计理念，在确保河道安全的基础上，根据河道护坡施工的相关要求，对能够适应河道生长的水生植物进行充分应用。这样可以利用自然原生植物对河道内的污染物进行净化，从而提高河道本身的净化能力。在利用自然原型河道破坏施工技术的过程中，需要对植物品种进行科学选择，一般要以河道环境为基础对适宜生长的植物进行选择，同时还要充分考虑植物本身的净化功能。这样才能够达到美化河道的目的，同时保证周围环境的生态平衡。除此之外，利用自然原型河道护坡施工技术能够对堤岸进行有效稳固。一般情况下，在对植物进行选择的过程中要将乔木、灌木进行混搭配置，同时利用科学的方法对不同植物的空间布局进行合理设置。这样能够充分发挥乔木、灌木易成活、易管理的优势，达到最佳效果。

（二）土工材料固土施工技术

土工材料固土种植护坡技术在实际施工过程中主要包括土工材料网垫固土种植技术以及土工单元固土种植技术。这两种方式的主要应用原理是以工程力学和植物学的基本特征为基础，然后根据土工材料力学特性对植被进行有效加固，这样能够增强植被的防洪固坡功能。其中土工单元固土种植技术在运用过程中需要对高密度的化工材料进行利用，但是需要注意必须对化工材料进行处理，将其打造成蜂窝状结构，然后完成填筑草皮和其他植物的种植过程。土工材料网垫固土种植技术在应用过程中需要将沙土以及种子放在用化学材料制成的网垫中，因为这种网垫的柔韧性比较强，在结构设置上能够满足植物的生长要求，确保植物有充足的生长空间。

（三）三维植被网护坡施工技术

近年来，三维植被网护坡施工技术在水利工程河道生态护坡建设中的应用比较广泛。因为这种施工技术能够提升河道护坡的整体稳定性，为河道边坡的植物生长提供良好的生存环境，并且三维植被网护坡施工技术的投入成本比较低，具有较强的经济效益。在三维植被网护坡施工技术应用过程中，要以土工合成材料为基础，为植物生长创建有利的环境。主要是在坡面上构建确保植物能够正常生长的防护系统，然后利用植物在生长过程中的根系对护坡进行固定，提高边坡的稳定性以及牢固性。三维植被网护坡技术在应用过程中需要对边坡的土壤结构、气候雨水等自然条件进行充分考虑。这就需要将土工合成材料在边坡的表面进行合理铺设，然后根据植物的品种以及生长空间需求进行合理搭配，使不同的植物能够形成良好的植被体系。

三维植被网护坡施工技术在应用过程中需要注意对植物品种进行科学选择，要尽可能选用生命力比较强、根系相对发达的植物，如乔木和藤草等。在选择植物品种时，还要尽可能多样化，能够形成丰富的植被生态系统，防止植被出现退化现象。在植被生长过程中，不同植物的茎叶可以形成比较茂密的植被覆盖体系，再加上植物根系在土层中不断生长延伸，因此能够提高河道边坡的防洪能力。适当运用由土工合成材料构成的土工网可以降低土壤内水分的蒸发速度，确保植物在生长过程中有充足的水分。

（四）采用河道生态袋护坡技术

河道生态袋护坡技术主要是通过向由高分子材料（聚乙烯、聚丙烯）制备而成的土工网袋中填入草籽或种植土，来达到控制水土流失、降低生态污染、抵抗紫外线的目的。相较于植物护坡技术，生态袋护坡技术适用于河道流速在 2.0 m/s 以下的河岸，如直立挡墙、斜坡等。

在实际应用过程中，生态袋护坡可划分为单独采用生态袋护坡结构（坡度小于 50°）、生态袋加筋挡墙结构（坡度大于 60°，小于 90°）、生态袋加筋格栅结构（坡度大于 90°）几种类型。其中，生态袋护坡结构主要具有联结扣、扎口带、生态袋几个模块。生态袋内有填充物，通过联结扣将生态袋紧密拦截，配合扎口带封闭处理，可以有效提高边坡稳定性；生态袋加筋挡墙或格栅主要是在单独生态袋护坡的基础上，增设高强度加筋格栅。配合拉筋张拉作业，可以加强拉筋、填土间摩擦阻力，限制土体应力变化，提高加筋土结构稳定性。

总之，在建设水利工程项目时要将工程的生态效益作为衡量工程整体效益的重要指标，并积极地对其进行贯彻落实，通过构建更加完善的河道生态护坡工程来实现对生态环境的保护。

第八章　水利工程建设质量控制

第一节　建设工程质量控制概述

一、质量和建设工程质量

（一）质量

1.质量的定义

相关国家标准对于"质量"的定义是，客体的一组固有特性满足要求的程度。关于这一定义，可以做如下诠释：

第一，这里的质量不仅指产品质量，也可以指某项活动或过程的质量，还可以指质量管理体系的质量。

第二，"特性"是指可区分的特征。特性可以是固有的或赋予的，也可以是定量的或定性的。"固有的"就是指在某事或某物中本来就有的，尤其是那种永久的特性。这里的质量特性就是指固有的特性，而不是赋予特性（如某一产品的价格）。作为评价、检验和考核的依据，质量特性包括性能、适用性、可信性（可用性、可靠性、维修性）、安全性、环境、经济性和美学性。

第三，"要求"是指明示的、通常隐含的或必须履行的需求或期望。"明示的"是指规定的要求，如在合同、规范、标准等文件中阐明的或顾客明确提出的要求。"通常隐含的"是指组织、顾客和其他相关方的惯例和一般做法，所考虑的需求或期望是不言而喻的。一般情况下，顾客或相关文件（如标准）中不会对这类要求给出明确的规定，供方应根据产品的用途和特性加以识别。"必须履行的"是指法律法规要求的或有强制性标准要求的。组织在产品实现过程中必须执行这类标准。要求是随环境变化的，在合同环境和法规环境下，要求是规定的；而在其他环境（非合同环境）下，要求则应加以识别和确定，也就是要通过调查了解和分析判断来确定。要求可由不同的相关方提出，不同的相关方对同一产品的要求可能是不同的。也就是说对质量的要求除要考虑满足顾客的需要外，还要考虑其他相关方的利益，即组织自身利益、提供原材料和零部件的供方的利益和社会的利益等。产品的质量是由产品固有特性满足要求的程度来反映的。

2.质量的特性

质量具有时效性和相对性。

（1）质量的时效性

由于组织的顾客和其他相关方对组织的产品、过程和体系的需求和期望是不断变化的，因此组织应定期评定质量要求、修订规范标准，不断开发新产品，改进老产品，以满足已变化的质量需求。

（2）质量的相对性

组织的顾客和其他相关方可能对同一产品的功能提出不同要求，需求不同，质量要求也不同。在不同时期和不同地区，要求也是不一样的。只有满足要求的产品，才会被认为是好的产品。

（二）建设工程质量

建设工程质量通常有狭义和广义之分。从狭义上讲，建设工程质量通常指工程产品质量；从广义上讲，则应包括工程产品质量和工作质量两个方面。

1.工程产品质量

工程产品质量主要表现在以下几个方面：

第一，性能。性能即功能，是指工程产品满足使用目的的各种性能，包括机械性能（如强度、弹性、硬度等）、理化性能（如尺寸、规格、耐酸碱性、耐腐蚀性等）、结构性能（如大坝强度、稳定性等）和使用性能（如大坝要能防洪、发电等）。

第二，时间性。工程产品的时间性是指工程产品在规定的使用条件下，能正常发挥规定功能的工作总时间，即服役年限，如水库大坝能正常发挥挡水、防洪等功能的工作年限。一般来说，由于筑坝材料（如混凝土）的老化、水库的淤积和其他自然力的作用，水库大坝能正常发挥规定功能的工作时间是有一定限度的。机械设备（如水轮机等）也可能由于达到疲劳状态或机械磨损、腐蚀等而影响寿命。

第三，可靠性。可靠性是指建筑工程在规定的时间内和规定的条件下，完成规定的功能能力的大小和程度。符合设计质量要求的工程，不仅要在竣工验收时达到规定的标准，而且要在一定的时间内保持应有的正常功能。

第四，经济性。工程产品的经济性表现为工程产品的造价或投资、生产能力或效益及其生产使用过程中的能耗、材料消耗和维修费用等。对水利工程而言，应从精心的规划工作开始，在详细研究各种资料的基础上，做出合理的、切合实际的可行性研究报告，并据此提出设计任务书，然后采用新技术、新材料、新工艺，做到优化设计，并精心组织施工，节省投资，以创造优质工程。在工程投入运行后，应加强工程管理，提高生产能力，降低运行、维修费用，提高经济效益。工程产品的经济性应体现在工程建设的全过程。

第五，安全性。工程产品的安全性是指工程产品在使用和维修过程中的安全程度，如水库大坝在规定的荷载条件下应能满足要求，并有足够的安全系数。

第六，适应性与环境的协调性。工程的适应性表现为工程产品适应外界环境变化的能力。例如，在我国南方建造大坝时应考虑水头变化较大，而北方要考虑温差较大。除此之外，工程还要与周围生态环境相协调，以适应可持续发展的要求。

2.工作质量

工作质量是指参与工程项目建设的各方，为了保证工程项目质量所做的组织管理工作和生产全过程各项工作的水平和完善程度。

工作质量包括两个方面：社会工作质量，如社会调查、市场预测、质量回访和保修服务等；生产过程工作质量，如政治工作质量、管理工作质量、技术工作质量、后勤工作质量等。

工程项目质量是多单位、各环节工作质量的综合反映，而工程产品质量又取决于施工操作和管理活动各方面的工作质量。因此，保证工作质量是确保工程项目质量的基础。

二、质量控制和建设工程质量控制

（一）质量控制

质量控制的目标就是确保产品的质量能满足顾客、法律法规等方面所提出的质量要求。质量控制的范围涉及产品质量形成全过程的各个环节。任何一个环节的工作没做好，都会使产品质量受到损害，不能满足质量要求。因此，质量控制是通过采取一系列的作业技术和活动来对各个过程实施控制的。

质量控制可从以下几个方面进行理解：①质量控制的对象是过程，结果是能使被控制对象达到规定的质量要求；②作业技术是专业技术和管理技术的总称，二者结合在一起，作为质量控制的手段和方法；③质量控制应贯穿于质量形成的全过程（即质量环的所有环节）；④质量控制以预防为主，通过采取预防措施来排除质量环中各个阶段可能产生的问题，以获得期望的经济效益；⑤质量控制的具体实施主要是为影响产品质量的各环节、各因素制定相应的计划和程序，对发现的问题和不合格情况进行及时处理，并采取有效的纠正措施。

质量控制的活动包括：①确定控制对象，如一道工序、设计过程、制造过程等；②规定控制标准，即详细说明控制对象应达到的质量要求；③制定具体的控制方法，如工艺规程；④明确所采用的检验方法，包括检验手段；⑤进行检验；⑥说明实际与标准之间有差异的原因；⑦为解决差异而采取的行动。

质量控制具有动态性，因为质量要求随着时间的推进而不断变化，为了满足不断更新的质量要求，应对质量控制进行持续改进。

（二）建设工程质量控制

工程质量控制致力于满足工程质量要求，也就是为了保证工程质量、满足工程合同规范标准所采取的一系列措施、方法和手段。工程质量要求主要包括工程合同、设计文件、技术标准规范的质量标准。

三、质量保证和质量保证体系

（一）质量保证

质量保证不是单纯地为了保证质量，保证质量是质量控制的任务，而质量保证是以保证质量为基础的，可进一步引申到提供信任这一基本目的，而信任是通过提供证据来达到的。质量控制和质量保证的某些活动是互相关联的，只有质量要求全面反映用户的要求，才能使质量保证提供足够的信任。

证实具有质量保证能力的方法：供方合格声明、提供形成文件的基本证据、提供其他顾客的认定证据、顾客亲自审核、由第三方进行审核、提供经国家认可的认证机构出具的认证证据。

根据目的的不同，可将质量保证分为外部质量保证和内部质量保证。外部质量保证指在合同或其他情况下，向顾客或其他方提供足够的证据，表明产品、过程或体系满足质量要求，以取得顾客和其他方的信任，让他们对质量放心。内部质量保证指的是在一个组织内部向管理者提供证据，以表明产品、过程或体系满足质量要求，取得管理者的信任，让管理者对质量放心。内部质量保证是组织领导的一种管理手段，外部质量保证才是目的。

在工程建设中，质量保证的途径包括以下三种：

第一，以检验为手段的质量保证，实质上是对工程质量效果是否合格做出评价，并不能通过它对工程质量加以控制。因此，它不能从根本上保证工程质量，只不过是质量保证工作的内容之一。

第二，以工序管理为手段的质量保证，通过对工序能力的研究，充分管理设计、施工工序，使之处于严格管理之中，以此来保证最终的质量效果。但这种手段仅对设计、施工工序进行控制，并没有对规划和使用等阶段实行有关质量控制。

第三，以开发新技术、新工艺、新材料、新工程产品为手段的质量保证，是对工程从规划、设计、施工到使用的全过程实行的全面质量保证。这种质量保证，克服了前两种质量保证手段的不足，可以从根本上确保工程质量。这是目前最高级的质量保证手段。

（二）设计、施工单位的质量保证体系

质量保证体系是以保证和提高工程质量为目标，运用系统的概念和方法，把企业各部门、各环节的质量管理职能和活动合理组织起来，形成一个明确任务、职责、权限，而又互相协调、互相促进的管理网络和有机整体，使质量管理制度化、标准化，从而建造出用户满意的工程，形成一个有机的质量保证体系。

在工程项目实施过程中，质量保证是指企业对用户在工程质量方面做出担保和保证（承诺）。在承包人组织内部，质量保证是一种管理手段。在合同环境中，质量保证还被承包人用以向发包人提供信任。无论如何，质量保证都是承包人的行为。

设计、施工承包人的质量保证体系，是我国工程质量管理体系中最基础的部分，对于确保工程质量是至关重要的。只有使质量保证体系正常实施和运行，才能使建设单位和设计、施工承包人在风险、成本及利润三个方面达到最佳状态。

四、质量管理

在质量方面的指挥和控制活动，通常包括制定质量方针和质量目标，以及质量策划、质量保证和质量改进。

由定义可知，质量管理是一个组织全部管理职能的重要组成部分，其职能是质量方针、质量目标和质量职责的制定与实施。质量管理是有计划、有系统的活动，为实施质量管理，需要建立质量体系，而质量体系又要通过质量策划、质量控制、质量保证和质量改进来发挥其职能，可以说，这四项活动是质量管理工作的四大支柱。

质量体系是指实施质量管理所需的组织机构、程序过程和资源，在这三个方面中，任一方面的缺失或不完善都会影响质量管理活动的顺利实施以及质量管理目标的实现。质量管理的目标是组织总目标的重要内容，质量管理目标和责任应按级分解落实，各级管理者对目标的实现负有责任。

质量管理是各级管理者的职责，但必须由最高管理者领导，质量管理需要全员参与并承担相应的义务和责任。因此，一个组织要想做好质量管理，就应加强最高管理者的领导作用，落实各级管理者职责，并加强教育，激励全体职工积极参与。

五、全面质量管理

全面质量管理最早起源于美国，20 世纪 60 年代，日本推行全面质量管理并有了新的发展，随后引起了世界各国的关注。全面质量管理的核心是提高人的素质，增强人的质量意识，调动人的积极性，要求人人做好本职工作，通过抓好工作质量来保证和提高产品质量或服务质量。

全面质量管理是一种现代的质量管理，它重视人的因素，强调全员参加、全过程控制、全企业实施。首先，它是一种现代管理思想，要求从顾客需要出发，树立明确而又可行的质量目标；其次，它要求形成一个有利于对产品质量实施系统管理的质量体系；最后，它要求把一切能够提高产品质量的现代管理技术和管理方法，都运用到质量管理中来。

（一）全面质量管理的基本方法

全面质量管理的特点集中表现在"全面质量管理、全过程质量管理、全员质量管理"三个方面。美国质量管理专家戴明（W. E. Deming）把全面质量管理的基本方法概括为四个阶段、八个步骤，简称 PDCA 循环，又称"戴明环"。

1.计划阶段

计划阶段又称 P（Plan）阶段，主要是在调查问题的基础上制订计划。计划的内容包括确立目标、活动等，以及制定完成任务的具体方法。这个阶段包括八个步骤中的前四个步骤，即查找问题，进行排列，分析问题产生的原因，制定对策和措施。

2.实施阶段

实施阶段又称 D（Do）阶段，就是按照制订的计划和措施去实施，即执行计划。这个阶段是八个步骤中的第五个步骤，即执行措施。

3.检查阶段

检查阶段又称 C（Check）阶段，就是检查生产（如设计或施工）是否按计划执行，效果如何。这个阶段是八个步骤中的第六个步骤，即检查采取措施后的效果。

4.处理阶段

处理阶段又称 A（Action）阶段，就是总结经验和清理遗留问题。这个阶段包括八个步骤中的最后两个步骤：建立巩固措施，即把检查结果中成功的做法和经验加以标准化、制度化，并使之巩固下来；提出尚未解决的问题，转入下一个循环。

在 PDCA 循环中，处理阶段是一个循环的关键。PDCA 的循环过程是一个不断解决问题、提高质量的过程。同时，在各级质量管理中都有一个 PDCA 循环，由此形成一个大环套小环、一环扣一环、互相制约、互为补充的有机整体。在 PDCA 循环中，一般来说，上一级循环是下一级循环的依据，下一级循环是上一级循环的落实和具体化。

（二）全面质量管理的基本观点

1."质量第一"的观点

"质量第一"是推行全面质量管理的思想基础。工程质量不仅关系到国民经济的发展以及人民生命财产的安全，还直接关系到企事业单位的信誉、经济效益、生存和发展。因此，在工程项目的建设全过程中，所有人员都必须牢固树立"质量第一"的观点。

2."用户至上"的观点

"用户至上"是全面质量管理的精髓。在工程项目"用户至上"的观点中，"用户"包括两种含义：一是直接或间接使用工程的单位或个人；二是在企事业内部，生产（设计、施工）过程中下一道工序为上一道工序的用户。

3."预防为主"的观点

工程质量是设计、建筑出来的，而不是检验出来的。检验只能确定工程质量是否符合标准要求，但不能从根本上决定工程质量。全面质量管理必须强调从检验把关变为工序控制，从管质量结果变为管质量因素，防检结合，预防为主，防患于未然。

4."用数据说话"的观点

工程技术数据是实行科学管理的依据，没有数据或数据不准确，就无法对质量进行评价。全面质量管理就是以数理统计方法为基本手段，依靠实际数据资料，做出正确判断，进而采取正确措施，进行质量管理。

5."全面管理"的观点

全面质量管理突出一个"全"字，要求实行全员、全过程、全企业的管理，因为工程质量涉及施工企业的每个部门、每个环节和每个职工。各项管理既相互联系，又相互作用，只有共同努力、齐心管理，才能全面保证工程项目的质量。

6."一切按 PDCA 循环进行"的观点

坚持按照计划、实施、检查、处理的循环过程办事，是进一步提高工程质量的基础。每经过一次循环就对事物内在的客观规律有了进一步的认识，从而有利于制订新的质量计划与措施，使全面质量管理工作及工程质量不断得到提高。

第二节　工程勘察设计
和施工招标阶段质量控制

一、工程勘察设计阶段的质量控制

建设工程勘察，是指根据建设工程的要求，查明、分析、评价建设场地的地质地理环境特征和岩土工程条件，编制建设工程勘察文件的活动。建设工程设计，是指根据建设工程的要求，对建设工程所需的技术、经济、资源、环境等条件进行综合分析、论证，编制建设工程设计文件的活动。它们是工程建设前期的关键环节，对建设工程的质量起着决定性作用，因此勘察设计阶段是建设过程中的一个重要阶段。

（一）工程勘察阶段

项目法人将设计任务委托给设计承包商后，设计承包商根据建设项目的内容、规模、建设场地特征等设计条件，提出需要设计前或同时进行的有关科研、勘察要求。项目法人选定勘察单位后，视情况可派监理人员进行监理。最后，将勘察单位提交的勘察报告组织审查，并向上级单位进行备案。正式成果副本转交设计院，作为设计的依据。

1.勘察单位的选择

第一，资质审查。工程勘察资质分为工程勘察综合资质、工程勘察专业资质、工程勘察劳务资质。工程勘察综合资质只设甲级；工程勘察专业资质根据工程性质和技术特点设立类别和级别；工程勘察劳务资质不分级别。取得工程勘察综合资质的企业，其承接工程勘察业务范围不受限制；取得工程勘察专业

175

资质的企业，可以承接同级别相应专业的工程勘察业务；取得工程勘察劳务资质的企业，可以承接岩土工程治理、工程钻探、凿井工程勘察劳务工作。

第二，审查待选单位的技术装备、试验基地、技术力量和财务能力。要求足够的试验场地（以便筹建大型试验模型）以及足够精度的测试设备，技术力量足以胜任工程的任务。

第三，主要人员的资历、经历、业绩等。

勘察单位的选择可用招标方式或直接发包。

2.勘察工作程序

一般情况下，在没有科研单位的时候，勘察工作程序包括：①选定设计单位，签订设计合同；②设计单位根据建设项目的性质、项目法人所提的设计条件和设计所需要的技术资料，按照规范、规程的技术标准和技术要求，提出勘察工作委托书纲要，设计单位自审后交项目法人；③项目法人审核委托书纲要，并和设计单位协调一致后，写出正式委托书；④选择勘察单位，签订勘察合同；⑤勘察人员进场作业，在作业过程中应与设计单位进行沟通，并进行质量、进度、投资控制；⑥组织有关部门和设计、勘察单位审查勘察成果。

3.勘察工作主要内容

由于建设工程的性质、规模、复杂程度不同以及建设的地点不同，设计所需要的技术条件千差万别，设计前所做的勘察工作也就不同。

勘察工作一般包括以下内容：①自然条件观测。主要是气候、气象条件的观测，陆上和海洋的水文观测等。建设地点若有相应测绘并已有相应的累积资料，则可直接使用；若没有，则需要建站进行观测。②地形图测绘。包括陆上和海洋的工程测量、地形图的测绘工作。供规划设计用的工程地形图，一般都需要观测。③资源探测。包括探测生物和非生物资源。这部分探测一般由国家设计机构进行，项目法人只需要进行一些补充。④岩土工程勘察。工程性质不同，勘察的深度也不同。⑤地震安全性评价。本工作一般在可行性研究阶段完成。⑥工程水文地质勘察。主要解决地下水对工程造成的危害、影响，或寻找地下水源，并将其作为工程水源，加以利用。⑦环境评价。本工作一般在可行性研究阶段完成。⑧模型试验和科研项目。许多大型项目和特殊项目，其建设条件须用模型试验和科学研究才能解决，如水利枢纽设计前要做泥沙模型试验，港口设计前要做港池和航道的淤积研究等。

4.勘察工作质量控制

（1）勘察阶段划分及其工作要求和程序

工程勘察的主要任务是按勘察阶段的要求，正确反映工程地质条件，提出岩土工程评价，为设计、施工提供依据。

工程勘察工作一般分为三个阶段，即可行性研究勘察、初步勘察、详细勘察。

当工程地质条件复杂或开展有特殊施工要求的重要工程时，应进行施工勘察，各勘察阶段的工作要求如下：

第一，可行性研究勘察，又称选址勘察，其目的是通过搜集、分析已有资料，进行现场踏勘。必要时，进行工程地质测绘和少量勘探工作，对拟选场址的稳定性和适宜性做出岩土工程评价，进行技术经济论证和方案比较，满足确定场地方案的要求。

第二，初步勘察是指在可行性研究勘察的基础上，对场地内建筑地段的稳定性做出岩土工程评价，并为确定建筑总平面布置、主要建筑物地基基础方案以及对不良地质现象的防治工作方案进行论证，以满足初步设计或扩大初步设计的要求。

第三，详细勘察应对地基基础处理与加固、不良地质现象的防治工程进行岩土工程计算与评价，以满足施工图设计的要求。

（2）勘察阶段监理工作的内容、程序和方法

工作内容：①建立项目监理机构；②编制勘察阶段监理规划；③收集资

料，编写勘察任务书（勘察大纲）或勘察招标文件，确定技术要求和质量标准；④组织考察勘察单位，协助建设单位组织委托竞选、招标或直接委托，进行商务谈判，签订委托勘察合同；⑤审核满足相应设计阶段要求的相应勘察阶段的勘察实施方案（勘察纲要），提出审核意见；⑥定期检查勘察工作的实施，控制其按勘察实施方案的程序和深度进行；⑦控制其按合同约定的期限完成；⑧按规范或有关文件要求检查勘察报告内容和成果，进行验收，提出书面验收报告；⑨组织勘察成果技术交流；⑩写出勘察阶段监理工作总结报告。

勘察阶段监理工作程序：①组建项目监理机构；②编制监理规划；③选址勘察阶段监理；④初步勘察阶段监理；⑤详细勘察阶段监理。

主要监理工作方法：①在编写勘察任务书、竞选文件或招标文件前，要广泛收集文件和资料，如计划任务书、规划许可证、设计单位的要求、相邻建筑地质资料等，在分析整理的基础上提出与工程相适应的技术要求和质量标准；②审核勘察单位的勘察实施方案，重点审核其可行性、精确性；③在勘察实施过程中，应设置报验点，必要时应进行旁站监理；④对勘察单位提供的勘察成果，包括地形地物测量图、勘测标志、地质勘察报告等进行核查，重点检查其是否符合委托合同及有关技术规范标准的要求，验证其真实性、准确性；⑤必要时，应组织专家对勘察成果进行评审。

（3）勘察阶段质量控制要点

勘察阶段监理工程师进行质量控制的要点如下：①协助建设单位选定勘察单位；②勘察工作方案审查和控制；③勘察现场作业的质量控制；④勘察文件的质量控制；⑤后期服务质量保证；⑥勘察技术档案管理。

（二）工程设计阶段

从狭义角度讲，我国目前的设计阶段可以分为两个阶段：初步设计阶段和施工图设计阶段。设计内容有初步设计、概算，施工图设计、预算。对于一些复杂的，采用新工艺、新技术的项目，可以在初步设计之后增加技术设计阶段。

　　进行设计阶段的质量控制，首先应该选择一个优秀的承包商，在选择承包商时，应注意以下几点：承包商的资质；取得工程设计综合资质的企业，其承接工程设计业务范围不受限制；取得工程设计行业资质的企业，可以承接同级别相应行业的工程设计业务；取得工程设计专项资质的企业，可以承接同级别相应的专项工程设计业务；取得工程设计行业资质的企业，可以承接本行业范围内同级别的相应专项工程设计业务，不需要再单独领取工程设计专项资质。除资质之外，还应审查承包商的业绩、信誉以及设计人员的资历。

　　初步设计阶段，主要应该注意以下几点：第一，设计方案的优化。第二，保证设计总目标的实现。第三，应该在保证质量总目标的前提下，尽量降低造价，提高投资效益。第四，设计报告需审查，应重点审查所采用的技术方案是否符合总体方案的要求，是否达到项目决策的质量标准，同时应审查工程概算是否控制在限额之内。

二、工程施工招标阶段质量控制

　　建设工程设计完成后，项目法人就开始选择施工承包人，并进行施工和安装工程招标。施工招标过程可分为三个阶段：招标准备阶段，从办理申请招标开始，到发出招标广告或邀请招标时发出投标邀请函为止；招标阶段，从发布广告之日起，到投标截止之日止；决标阶段，从开标之日起，到与中标单位签订施工承包合同为止。各阶段对应的重点控制内容分述如下。

（一）招标准备阶段

1.申请招标

建设市场的行为必须受市场的监督管理，因此工程施工招标必须经过建设主管部门的招投标管理机构批准。建设项目的实施必须符合国家制定的基本建设管理程序，按照有关建设法规的规定，向有关建设行政主管部门申请施工招标时，应满足建设法规规定的业主资质能力条件和招标条件。如果业主不具备资质和能力，则应委托具有相应资质的咨询公司或监理单位代理招标。

2.选择招标方式

选择什么方式招标，是由项目法人决定的。主要是在对自身的管理能力、设计的进度情况、建设项目本身的特点、外部环境条件等因素充分考虑、比较后，先决定施工阶段的分标数量和合同类型，再确定招标方式。

3.编制招标文件

建设工程的发包数量、合同类型和招标方式一经确定，就应编制招标文件，包括招标广告、资格预审文件、招标文件、协议书以及评标办法等。

4.编制标底

编制标底是工程项目招标前的一项重要准备工作，而且是比较复杂又细致的工作。标底是进行评标的依据之一，通常由委托设计单位或监理单位来做。标底须报请主管部门审定，审定后保密封存至开标时，不得泄露。

（二）招标阶段

招标阶段的主要工作包括：发布招标广告；进行投标申请人的资格预审；发售招标文件；组织投标人进行现场考察；召开标前会议，解答投标人的质疑和接受标书工作等。

1.资格预审

资格预审是对投标申请单位整体资格的综合评定，主要包括法人资格、商业信誉、财务能力、技术能力、施工经验等。

2.组织现场考察

根据招标文件中规定的时间，招标单位负责组织各投标人到施工现场进行考察。一方面要让投标人了解招标现场的自然条件、施工条件、周围环境，调查当地的市场价格，以便进行报价；另一方面要求投标人通过自己的实地考察，确定投标的策略和投标原则，避免实施过程中承包商以不了解实际为理由推卸应承担的合同责任。

3.标前会议

标前会议是指招标单位在招标文件规定的时间内（投标截止日期前），为解答投标人在研究招标文件和现场考察中所提出的有关问题而举办的会议。

第三节　工程施工阶段的质量控制

一、工程施工阶段的质量控制概述

（一）施工质量控制的系统过程

施工阶段的质量控制是一个经由对投入的资源和条件的质量控制（事前控制）进而对生产过程及各环节质量进行控制（事中控制），直到对所完成的工程产出品的质量检验与控制（事后控制）为止的全过程的系统控制过程。这个过程既可以根据在施工阶段工程实体质量形成的时间阶段不同来划分，也可以根据施工阶段工程实体形成过程中物质形态的转化来划分。

1.根据时间阶段进行划分

施工阶段的质量控制根据工程实体形成的时间阶段可以分为以下三个阶段：

第一，事前控制。事前控制即在施工前的准备阶段进行的质量控制。它是指在各工程对象、各项准备工作及影响质量的各因素和有关方面进行的质量控制。

第二，事中控制。事中控制即在施工过程中进行的所有与施工过程有关的各方面的质量控制和中间产品（工序产品或分部、分项工程产品）的质量控制。

第三，事后控制。事后控制是指对通过施工过程所完成的具有独立的功能和使用价值的最终产品（单位工程或整个工程项目）及其有关方面（如质量文档）的质量控制。

2.按物质形态转化划分

由于工程对象的施工是一项物质生产活动，所以施工阶段的质量控制的系统过程也是一个系统控制过程，按工程实体形成的物质转化形态进行划分，可以分为以下三个阶段：第一，对投入的物质资源质量的控制；第二，施工及安装生产过程质量控制，即在使投入的物质资源转化为工程产品的过程中，对影响产品质量的各因素、各环节及中间产品的质量进行控制；第三，对完成的工程产品质量的控制与验收。

（二）影响施工阶段质量的因素

工程施工是一种物质生产活动，工程影响因素多，概括起来主要有五个方面，即人、材料、机械、方法及环境。

在工程质量形成的系统过程中，前两个阶段对于最终产品质量的形成具有决定性的作用，而所投入的物质资源的质量控制对最终产品质量又具有举足轻重的影响。所以，在质量控制的系统过程中，无论是对投入物质资源的控制，还是对施工及安装生产过程的控制，都应当对影响工程实体质量的五个重要因素进行全面的控制。

（三）实体形成过程各阶段的质量控制的主要内容

1.事前质量控制内容

事前质量控制内容是指正式开工前所进行的质量控制工作，其具体内容包括以下几方面：

第一，审核承包人资格。主要包括以下几点：①检查主要技术负责人是否到位；②审查分包单位的资格等级。

第二，检验、验收施工现场的质量。主要包括以下几点：①现场障碍物的拆除、迁建及清除后的验收；②现场定位轴线、高程标桩的测设、验收；③基准点、基准线的复核、验收等。

第三，审查、批准承包人在工程施工期间提交的各单位工程和部分工程的施工措施计划、方法和施工质量保证措施。

第四，督促承包人建立健全质量保证体系，组建专职的质量管理机构，配备专职的质量管理人员。承包人现场应设置专门的质量检查机构和必要的实验条件，配备专职的质量检查、实验人员，建立完善的质量检查制度。

第五，检验和验收采购材料和工程设备。承包人负责采购的材料和工程设备，应由承包人会同现场监理人进行检验和交货验收，检验材质证明和产品合格证书。

第六，检查工程观测设备。现场监理人需检查承包人对各种观测设备的采购、运输、保存、率定、安装、埋设、观测和维护等。其中，观测设备的率定、安装、埋设和观测均必须在有现场监理人员在场的情况下进行。

第七，对施工机械进行质量控制。凡可能直接危及工程质量的施工机械，如混凝土搅拌机、振动器等，均应按技术说明书查验其相应的技术性能，不符合要求的，不得在工程中使用；施工中使用的衡器、量具、计量装置应有相应的技术合格证，使用时应完好并不超过它们的校验周期。

2.事中控制的内容

第一,监理人有权对全部工程的所有部位及其任何一项工艺、材料和工程设备进行检查和检验,也可随时提出要求,在制造地、装配地、储存地、现场、合同规定的其他地点进行检查、测量和检验,以及查阅施工记录。承包人应提供通常需要的协助,包括劳务、电力、燃料、备用品、装置和仪器等。承包人也应按照监理人的指示,进行现场取样试验、工程复核测量和设备性能检测,提供试验样品、试验报告和测量成果以及监理人要求进行的其他工作。监理人的检查和检验不解除承包人按合同规定应负的责任。

第二,施工过程中承包人应对工程项目的每道施工工序认真检查,并把自行检查的结果报送监理人备查,只有在重要工程或关键部位承包人自检结果核准后才能进行下一道工序的施工。如果监理人认为必要,也可随时进行抽样检验,承包人必须提供抽查条件。如果抽查结果不符合合同规定,则必须进行返工处理,处理合格后,方可继续施工,否则将按质量事故处理。

第三,依据合同规定的检查和检验,应由监理人与承包人按商定的时间和地点共同进行检查和检验。

第四,对隐蔽工程和工程隐蔽部位进行检查。具体包括以下几点:①覆盖前的检查。经承包人自行检查确认隐蔽工程或工程的隐蔽部位具备覆盖条件的,在约定的时间内承包人应通知监理人进行检查,如果监理人未按约定时间到场检查,拖延或无故缺席,造成工期延误,那么承包人有权要求延长工期和赔偿其停工或窝工损失。②虽然经监理人检查并同意覆盖,但事后对质量有怀疑时,监理人仍可要求承包人对已覆盖的部位进行钻孔探测,甚至可揭开重新检验,承包人应遵照执行;若承包人未及时通知监理人,或监理人未按约定时间派人到场检查,而承包人私自将隐蔽部位覆盖,则监理人有权指示承包人进行钻孔探测或揭开检查,承包人应遵照执行。

第五,在工程施工中禁止使用不符合等级质量标准和技术特性的材料和工程设备。

第六，行使质量监督权，下达停工令。出现下述情况之一的，监理人有权发布停工通知：①未经检验即进入下一道工序作业的；②擅自采用未经认可或批准的材料的；③擅自将工程转包的；④擅自让未经同意的分包商进场作业的；⑤没有可靠的质量保证措施贸然施工，已出现质量下降征兆的；⑥工程质量下降，经指出后未采取有效改正措施，或采取了一定措施而效果不好，继续作业的；⑦擅自变更设计图纸要求的等。

第七，行使好质量否决权，为工程进度款的支付签署质量认证意见。

3.事后质量控制的内容

第一，审核完工资料。

第二，审核施工承包人提供的质量检验报告及有关技术性文件。

第三，整理有关工程项目质量的技术文件，并编目、建档。

第四，评价工程项目质量状况及水平。

第五，组织联动试车等。

二、质量控制的依据、方法及程序

（一）质量控制的依据

施工阶段监理人进行质量控制的依据，主要有以下几类：

第一，国家颁布的有关质量方面的法律、法规和规章。

为了保证工程质量，监督、规范建设市场，国家颁布的相关法律、法规和规章主要有《中华人民共和国建筑法》《建设工程质量管理条例》《水利工程质量管理规定》等。

第二，已批准的设计文件、施工图纸及相应的设计变更与修改文件。

"按图施工"是施工阶段质量控制的一项重要原则，已批准的设计文件无疑是监理人进行质量控制的依据。但是从严格质量管理和质量控制的角度出发，监理单位在施工前还应参加建设单位组织的设计交底工作，以达到了解设计意图和质量要求，发现图纸差错和减少质量隐患的目的。

第三，已批准的施工组织设计、施工技术措施及施工方案。

施工组织设计是承包人进行施工准备和指导现场施工的规划性、指导性文件，它详细规定了承包人进行工程施工的现场布置、人员组织配备和施工机具配置，每项工程的技术要求，施工工序和工艺、施工方法及技术保证措施，质量检查方法和技术标准等。施工承包人在工程开工前，必须提出对于所承包的建设项目的施工组织设计，并报请监理人审查。一旦获得批准，它就成为监理人进行质量控制的重要依据之一。

第四，合同中引用的国家和行业（或部颁）的现行施工操作技术规范、施工工艺规程及验收规范、评定规程。

国家和行业（或部颁）的现行施工技术规程规范和操作规程，是建立、维护正常的生产秩序和工作秩序的准则，也是为有关人员制定的统一行动准则，它是工程施工经验的总结，与质量形成密切相关，必须严格遵守。

第五，合同中引用的有关原材料、半成品、构配件方面的质量依据。

第六，发包人和施工承包人签订的工程承包合同中有关质量的合同条款。

第七，制造厂提供的设备安装说明书和有关技术标准。

（二）施工阶段质量控制方法

施工阶段质量控制的主要方法有以下几种：

1.旁站监理

监理人按照监理合同约定，在施工现场对工程项目的重要部位和关键工序的施工，实施连续性的全过程检查、监督与管理。旁站是监理人员的一种主要现场检查形式。对容易产生缺陷的部位以及隐蔽工程，尤其应该加强旁站。

在旁站检查中，监理人员必须检查承包商在施工中所用的设备、材料，检查混合料是否与已批准的配比相符，检查是否按技术规范和批准的施工方案、施工工艺进行施工，注意及时发现问题和解决问题，制止错误的施工方法和手段，避免事故的发生。

2.检验

（1）巡视检验

巡视检验是指监理人对所监理的工程项目进行的定期或不定期的检查、监督和管理。

（2）跟踪检测

跟踪检测是指在承包人进行试样检测前，监理人对检测人员、仪器设备以及拟定的检测程序和方法进行审核；承包人对试样进行检测时，应实施全过程的监督，确认程序、方法的有效性以及检测结果的可信性，并对结果进行确认。

（3）平行检测

平行检测是指监理人在承包人对试样自行检测的同时，独立抽样进行的检测，以核验承包人的检测结果。

3.测量

测量是对建筑物的几何尺寸进行控制的重要手段。开工前，承包人要布设测量控制网，测量原始地形图，进行施工放样。监理人要对上述工作进行检查，不合格者不准开工。对模板工程、已完工程的几何尺寸、高程、宽度、厚度、坡度等质量指标，按规范要求进行测量验收，不符合要求的要进行修整，无法修整的进行返工。承包人的测量记录，均须经监理人员审核签字后才能使用。

4.现场记录和发布文件

监理人员应认真、完整地记录每日施工现场的人员、设备、材料、天气、环境以及施工中出现的各种情况，并将这些作为处理施工过程中合同问题的依据。同时，通过发布通知、指示、批复、签认等文件形式进行施工全过程的控制和管理。

（三）施工阶段质量控制程序

1.合同项目质量控制程序

第一，监理机构应在施工合同约定的期限内，经发包人同意后向承包人发出进场通知，要求承包人按约定及时调遣人员和施工设备、材料进场进行施工准备。进场通知中应明确合同工期起算日期。

第二，监理机构应协助发包人向承包人移交施工合同约定的应由发包人提供的施工用地、道路、测量基准点以及供水、供电、通信设施等开工的必要条件。

第三，承包人完成开工准备后，应向监理机构提交开工申请。监理机构确认发包人和承包人的施工准备满足开工条件后，签发开工令。

第四，由于承包人原因而使工程未能按施工合同约定时间开工的，监理机构应通知承包人在约定时间内提交赶工措施报告并说明延误开工的原因。由此增加的费用和工期延误造成的损失由承包人承担。

第五，由于发包人原因而使工程未能按施工合同约定时间开工的，监理机构在收到承包人提出的顺延工期的要求后，应立即与发包人和承包人协商补救办法。由此增加的费用和工期延误造成的损失由发包人承担。

2.单位工程质量控制程序

监理机构应审批每一个单位工程的开工申请，熟悉图纸，审核承包人提交的施工组织设计、技术措施等，确认后同意开工。

3.分部工程质量控制程序

监理机构应审批承包人报送的每一分部工程开工申请，审核承包人递交的施工措施计划，检查该分部工程的开工条件，确认后签发分部工程开工通知。

4.工序或单元工程质量控制程序

第一个单元工程在分部工程开工申请获得批准后自行开工，后续单元工程凭监理机构签发的上一单元工程施工质量合格证明方可开工。

5.混凝土浇筑开仓

监理机构应对承包人报送的混凝土浇筑开仓报审表进行审核。符合开仓条件后，方可签发。

第四节　工程质量评定、验收和保修期的质量控制

一、工程质量评定

质量评定时，应按从低层到高层的顺序进行，这样可以从微观上按照施工工序和有关规定，在施工过程中把好质量关，由低层到高层逐级进行工程质量控制和质量检验。其评定的顺序是单元工程—分部工程—单位工程—工程项目。

（一）单元工程质量评定标准

单元工程质量分为合格和优良两个等级。

单元工程质量等级标准是进行工程质量等级评定的基本尺度。由于工程

类别不一样，因此单元工程质量评定标准的内容、项目的名称和合格率标准等也不一样。

工程质量检查内容分为主要检查项目、检测项目和其他检查项目、其他检测项目，并在说明中把单元工程质量等级标准分为土建工程、金属结构和机电设备安装工程三类。

1.土建工程标准

①合格：主要检查项目、检测项目全部符合要求，其他检查项目基本符合要求，其他检测项目70%及以上符合要求。

②优良：主要检查项目、检测项目全部符合要求，其他检查项目符合要求，其他检测项目90%及以上符合要求。

2.金属结构工程标准

①合格：主要检查项目、检测项目全部符合要求，其他检查项目符合要求，其他检测项目80%及以上符合要求。

②优良：主要检查项目、检测项目全部符合要求，其他检查项目符合要求，其他检测项目95%及以上符合要求。

3.机电设备安装工程标准

①各检查项目全部符合质量标准，实测点的偏差符合规定的，评为合格。

②重要检测点的偏差小于规定的评为优良。

单元工程（或工序）质量达不到合格等级的，必须及时处理。质量等级按下列规定确定：①全部返工重做的，可重新评定质量等级。②经加固补强并经鉴定能达到设计要求的，其质量只能评为合格。③经鉴定达不到设计要求，但建设（监理）单位认为能基本满足安全和使用功能要求的，可不加固补强；或经加固补强后，改变外形尺寸或造成永久性缺陷的，经建设（监理）单位认为基本满足设计要求，其质量可按合格处理。

对于"基本符合要求"的解释为：虽与标准略有出入，但不影响安全运行和设计效益。

（二）水利水电工程项目优良品率的计算

1.分部工程的单元工程优良品率

分部工程的单元工程优良品率＝单元工程优良个数/单元工程总数×100%。

2.单位工程的分部工程优良品率

单位工程的分部工程优良品率＝分部工程优良个数/分部工程总数×100%。

3.水利工程项目的单位工程优良品率

水利工程项目的单位工程优良品率＝单位工程优良个数/单位工程总数×100%。

（三）单位工程外观质量评定

外观质量评定工作在单位工程完成后，由项目法人（建设单位）组织、质量监督机构主持，项目法人（建设单位）、监理、设计、施工及管理运行等单位组成外观质量评定组，进行现场检验评定。参加外观质量评定组的人员，必须具有工程师及以上技术职称。评定组人数不少于 5 人，大型工程不应少于7 人。

（四）分部工程质量评定等级标准

合格标准：①单元工程质量全部合格；②中间产品质量及原材料质量全部合格，金属结构及启闭机制造质量合格，机电产品质量合格。

优良标准：①单元工程质量全部合格，其中有 50%以上达到优良，主要单元工程、重要隐蔽工程及关键部位的单元工程质量优良，且未发生过质量事故；②中间产品质量全部合格，其中混凝土拌和物质量达到优良，原材料质量、金属结构及启闭机制造质量合格，机电产品质量合格。

重要隐蔽工程，指主要建筑物的地基开挖、地下洞室开挖、地基防渗、加固处理和排水工程等。

工程关键部位，指对工程安全或效益有显著影响的部位。

中间产品，指需要经过加工生产的土建类工程的原材料及半成品。

（五）单位工程质量评定标准

合格标准：①分部工程质量全部合格；②中间产品质量及原材料质量全部合格，金属结构及启闭机制造质量合格，机电产品质量合格；③外观质量得分率超过70%；④施工质量检验资料基本齐全。

优良标准：①分部工程质量全部合格，其中有50%以上达到优良，主要分部工程质量优良，且施工中未发生过重大质量事故；②中间产品质量全部合格，其中混凝土拌和物质量达到优良，原材料质量、金属结构及启闭机制造质量合格，机电产品质量合格；③外观质量得分率超过85%；④施工质量检验资料齐全。

外观质量得分率，指单位工程外观质量实际得分占应得分数的百分数。

（六）工程项目质量评定标准

合格标准：单位工程质量全部合格。

优良标准：单位工程质量全部合格，其中有50%以上的单位工程质量优良，且主要建筑物单位工程质量为优良。

（七）质量评定工作的组织与管理

第一，单元工程质量由施工单位质检部门组织评定，建设（监理）单位复核。

第二，重要隐蔽工程及工程关键部位在施工单位自评合格后，由建设（监理）单位、质量监督机构、设计单位、施工单位组成联合小组，共同核定其质量等级。

第三，分部工程质量评定在施工单位质检部门自评的基础上，由建设（监理）单位复核，报质量监督机构审查核备。大型枢纽主体建筑物的分部工程质量等级，报质量监督机构审查核定。

第四，单位工程质量评定在施工单位自评的基础上，由建设（监理）单位复核，报质量监督机构核定。

第五，工程项目的质量等级由该项目质量监督机构在单位工程质量评定的基础上进行核定。

第六，质量监督机构应在工程竣工验收前提出工程质量评定报告，向工程竣工验收委员会提出工程质量等级建议。

二、工程验收

水利工程建设项目验收，按验收主持单位性质不同分为法人验收和政府验收两类。法人验收是指在项目建设过程中由项目法人组织进行的验收。法人验收是政府验收的基础。政府验收是指由有关人民政府、水行政主管部门或者其他部门组织进行的验收，包括专项验收、阶段验收和竣工验收。

（一）项目法人验收

工程建设完成分部工程、单位工程、单项合同工程，或者中间机组启动前，应当组织法人验收。项目法人可以根据工程建设的需要增设法人验收的环节。

第一，项目法人应当在开工报告批准后 60 个工作日内，制订法人验收工作计划，报法人验收监督管理机关和竣工验收主持单位备案。

第二，施工单位在完成相应工程后，应当向项目法人提出验收申请。项目法人经检查认为建设项目具备相应的验收条件的，应当及时组织验收。

第二，法人验收由项目法人主持。验收工作组由项目法人及设计、施工、监理等单位的代表组成；必要时可以邀请工程运行管理单位等参建单位以外的代表及专家参加。项目法人可以委托监理单位主持分部工程验收，有关委托权限应当在监理合同或者委托书中明确。

第四，分部工程验收的质量结论应当报该项目的质量监督机构核备；未经核备的，项目法人不得组织下一阶段的验收。单位工程以及大型枢纽主要建筑物的分部工程验收的质量结论应当报该项目的质量监督机构核定；未经核定的，项目法人不得通过法人验收；核定不合格的，项目法人应当重新组织验收。质量监督机构应当自收到核定材料之日起 20 个工作日内完成核定。

第五，项目法人应当自法人验收通过之日起 30 个工作日内，制作法人验收鉴定书，发送参加验收单位并报送法人验收监督管理机关备案。法人验收鉴定书是政府验收的备查资料。单位工程投入使用验收和单项合同工程完工验收通过后，项目法人应当与施工单位办理工程的有关交接手续。

工程保修期从通过单项合同工程完工验收之日算起，保修期限按合同约定执行。

第六，当具备了下列三个条件时，承包人可以向发包人和监理人提出验收申请：

①承包人完成了合同范围的全部单位工程以及有关的工作项目（经监理人同意列入保修期内完成的尾工项目除外）。

②备齐了符合合同要求的完工资料：工程实施概况和大事记；已完工程移交清单（包括工程设备）；永久工程竣工图；列入保修期继续施工的尾工工程项目清单；未完成的缺陷修复清单；施工期的观测资料；监理人指示应列入完工报告的各类施工文件、施工原始记录（含图片和录像资料）以及其他应补充

的完工资料。

③按照监理人的要求编制了在保修期内实施的尾工、工程项目清单和未修补的缺陷项目清单以及相应的施工措施计划。

第七，验收程序。承包人提交完工验收申请报告，并附完工资料；监理人收到承包人提交的完工验收申请报告后，审核其报告。

当监理人审核后发现工程尚有重大缺陷时，可拒绝或推迟进行完工验收，这时应在收到申请报告后 14 天内通知承包人，并指出完工验收前应完成的工程缺陷修复和其他的工作内容和要求。同时，应将申请报告退还，待承包人具备条件后重新提交申请报告。

当监理人审核后发现对上述报告和报告中所列的工作项目和工作内容持有异议时，应在收到申请报告后的 14 天内将意见通知承包人，承包人应在收到上述通知后的 14 天内重新提交修改后的完工验收申请报告，直到监理人满意为止。

监理人审核报告后认为工程已具备完工验收条件时，应在收到申请报告后 28 天内提请发包人进行工程完工验收。发包人应在收到完工验收申请报告后的 56 天内签署工程移交证书，并将其颁发给承包人。移交证书中应写明经监理人与发包人和承包人协商核定的工程的实际完工日期。此日期也是工程保修期的开始日。

当监理人确认工程已具备了完工验收条件，但由于发包人的原因或发包人雇用的其他人的责任等非承包人原因而使完工验收不能进行时，应由发包人或授权监理人进行初步验收，并签发临时移交证书。由此增加的费用由发包人承担。当正式完工验收发现工程不符合合同要求时，承包人有责任按监理人指示完成缺陷修复工作，并承担修复费用。

若因发包人或监理人的原因不能及时进行验收，或在验收后不颁发工程移交证书，则发包人应从承包人发出申请报告 56 天后的次日起承担工程保管费用。

（二）政府验收

1.专项验收

枢纽工程导（截）流、水库下闸蓄水等阶段验收前，涉及移民安置的，应当完成相应的移民安置专项验收。

工程竣工验收前，应当按照国家有关规定，进行环境保护、水土保持、移民安置以及工程档案等专项验收。经有关部门同意，专项验收可以与竣工验收一并进行。

专项验收主持单位依照国家有关规定执行。项目法人应当自收到专项验收成果文件之日起 10 个工作日内，将专项验收成果文件报送竣工验收主持单位备案。专项验收成果文件是阶段验收或者竣工验收成果文件的组成部分。

2.阶段验收

根据工程建设需要，当工程建设达到一定关键阶段时，比如工程导（截）流、水库下闸蓄水、引（调）排水工程通水、首（末）台机组启动等，应进行阶段验收。

阶段验收的验收委员会由验收主持单位、该项目的质量监督机构和安全监督机构、运行管理单位的代表以及有关专家组成；必要时，应当邀请项目所在地的地方人民政府以及有关部门参加。工程参建单位是被验收单位，应当派代表参加阶段验收工作。

大型水利工程在进行阶段验收前，可以根据需要进行技术预验收；水库下闸蓄水验收前，项目法人应当按照有关规定完成蓄水安全鉴定。

验收主持单位应当自阶段验收通过之日起 30 个工作日内，制作阶段验收鉴定书，发送参加验收的单位并报送竣工验收主持单位备案。阶段验收鉴定书是竣工验收的备查资料。

3.竣工验收

竣工验收应当在工程建设项目全部完成并满足一定运行条件后 1 年内进行。不能按期进行竣工验收的，经竣工验收主持单位同意，可以适当延长期限，但最长不得超过 6 个月。逾期仍不能进行竣工验收的，项目法人应当向竣工验收主持单位做出专题报告。

竣工财务决算应当由竣工验收主持单位组织审查和审计。竣工财务决算审计通过 15 天后，方可进行竣工验收。

工程具备竣工验收条件的，应由项目法人提出竣工验收申请，经法人验收监督管理机关审查后报竣工验收主持单位。竣工验收主持单位应当自收到竣工验收申请之日起 20 个工作日内决定是否同意进行竣工验收。

竣工验收原则上按照经批准的初步设计所确定的标准和内容进行。项目既有总体初步设计又有单项工程初步设计的，原则上按照总体初步设计的标准和内容进行，也可以先进行单项工程竣工验收，最后按照总体初步设计进行总体竣工验收。项目有总体可行性研究但没有总体初步设计，却有单项工程初步设计的，原则上按照单项工程初步设计的标准和内容进行竣工验收。建设周期长或者因故无法继续实施的项目，对已完成的部分工程可以按单项工程或者分期进行竣工验收。

竣工验收分为竣工技术预验收和竣工验收两个阶段。在大型水利工程竣工技术预验收前，项目法人应当按照有关规定对工程建设情况进行竣工验收技术鉴定。在中型水利工程竣工技术预验收前，竣工验收主持单位可以根据需要决定是否进行竣工验收技术鉴定。竣工技术预验收由竣工验收主持单位以及有关专家组成的技术预验收专家组负责。

工程参建单位的代表应当参加技术预验收，汇报并解答有关问题。

竣工验收的验收委员会由竣工验收主持单位、有关水行政主管部门和流域管理机构、有关地方人民政府和部门、该项目的质量监督机构和安全监督机构、工程运行管理单位的代表以及有关专家组成。工程投资方代表可以参加竣工验收委员会。

竣工验收主持单位可以根据竣工验收的需要，委托具有相应资质的工程质量检测机构对工程质量进行检测。

项目法人全面负责竣工验收前的各项准备工作，设计、施工、监理等工程参建单位应当做好有关验收准备和配合工作，派代表出席竣工验收会议，负责解答验收委员会提出的问题，并作为被验收单位在竣工验收鉴定书上签字。

竣工验收主持单位应当自竣工验收通过之日起 30 个工作日内，制作竣工验收鉴定书，并发送给有关单位。竣工验收鉴定书是项目法人完成工程建设任务的凭据。

4.验收遗留问题处理与工程移交

项目法人和其他有关单位应当按照竣工验收鉴定书的要求妥善处理竣工验收遗留问题，并完成尾工。验收遗留问题处理完毕和尾工完成并通过验收后，项目法人应当将处理情况和验收成果报送竣工验收主持单位。

工程通过竣工验收，验收遗留问题处理完毕和尾工完成并通过验收的，应由竣工验收主持单位向项目法人颁发工程竣工证书。工程竣工证书格式由水利部统一制定。

项目法人与工程运行管理单位是不同的，工程通过竣工验收后，应当及时办理移交手续。工程移交后，项目法人以及其他参建单位应当按照法律法规的规定和合同约定，承担后续的相关质量责任。项目法人已经撤销的，由撤销该项目法人的部门承接相关的责任。

三、保修期的质量控制

（一）保修期

保修期自工程移交证书中写明的全部工程完工日开始算起，保修期在专用合同条款中规定。水利水电土建工程的保修期一般为一年，疏浚工程不设保修期。

在全部工程完工验收前，已由发包人提前验收的单位工程或部分工程，若未投入使用，其保修期亦按全部工程的完工日期开始算起。若发包人提前验收的单位工程或部分工程在验收后即投入使用，则其保修期应从该单位工程或部分工程移交证书上写明的完工日算起，同一合同中的不同项目可有多个不同的保修期。

（二）保修期承包人的质量责任

承包人应在保修期终止前，尽快完成监理人在交接证书上列明的、在规定之日要完成的工程内容。

在保修期间承包人的一般责任是：负责未移交的工程尾工施工和工程设备的安装，以及这些项目的日常照管和维护；负责移交证书中所列的缺陷项目的修补；负责新的缺陷和损坏，或者原修复缺陷（部件）又遭损坏的修复。

上述施工、安装、维护和修补项目应逐一经监理人检验，直至检验合格。经查验确属施工中隐存的或其他由承包人责任造成的缺陷或损坏，应由承包人承担修复费用；若经查验确属发包人使用不当或其他由发包人责任造成的缺陷和损坏，则应由发包人承担修复费用。

在保修期内，不管谁承担质量责任，承包人均有义务负责修理。

（三）保修期监理人质量控制任务

监理人在保修期质量控制的任务包括下列三个方面：

1.对工程质量状况进行分析检查

工程竣工验收后，监理人对竣工验收过程中发现的一些质量问题应分析归类，列成细目，并及时将有关内容通知施工承包商，要求其限期加以解决。

工程试运行后，监理人应密切注意工程质量对工程运行的影响，并制订检查计划，有步骤地检查工程质量问题。在保修期终止以前的任何时候，如果工程出现了任何质量问题（缺陷、变形或不合格），监理人均应书面通知承包商，并将其复印件报送发包人。

此时，承包人应在监理人指导下，对出现质量问题的原因进行调查。如果调查后证明，产生的缺陷、变形或不合格责任在承包人，则调查费用应由承包人负担。若调查结果证明，质量问题不在承包人，则应由监理人和承包人协商该调查费用的处理问题，并将业主承担的费用加到合同价中去。对上述调查，监理人应同时负责监督。

2.对工程质量问题责任进行鉴定

在保修期内，针对工程出现的质量问题，监理工程师应认真核对设计图纸和竣工资料，根据下列几点分清责任：

第一，凡因承包人未按规范、规程、标准、合同和设计要求施工造成的质量问题，由承包人负责。

第二，凡因设计不合理造成的质量问题，承包人不承担责任。

第三，凡因原材料和构件、配件质量不合格引起的质量问题，属于承包人采购的，或由发包人采购，承包商不进行验收而用于工程的，由承包人承担责任；属于发包人采购，承包人提出异议，而发包人坚持使用的，承包人不承担责任。

第四，凡有出厂合格证，且是发包人负责采购的机电设备，承包人不承担责任。

第五，凡因使用单位（发包人）使用不善造成的质量问题，承包人不承担责任。

第六，凡因地震、洪水、台风、地区气候环境条件等自然灾害及客观原因造成的事故，承包人不承担责任。

在缺陷责任期内，不管谁承担质量责任，承包商均有义务负责修理。

3.对修补缺陷的项目进行检查

保修期质量检查的目的是及时发现质量问题。质量责任鉴定的任务是分清责任。监理机构应督促承包人按计划完成尾工项目，协助发包人验收尾工项目，并为项目办理付款签证。

对于缺陷项目的修补、修复或重建工作，监理人仍要像控制正常工程建设质量一样，抓好每一个环节的质量控制。

例如，对于修补用材料的质量控制、修补过程中工序的质量控制等，监理人在修补、修复或重建工作结束后，仍要按照规范、规程、标准、合同和设计文件进行检查，确保修补、修复或重建的质量。

（四）保修责任终止证书

保修期或保修延长期满，承包人提出保修期终止申请后，监理机构在检查承包人已经按照施工合同约定完成全部其应完成的工作，且经检验合格后，应及时办理工程项目保修期终止事宜。

工程的任何区段或永久工程的任何部分的竣工日期不同，各有关的保修期也不尽相同，不应根据其保修期分别签发保修责任终止证书，只有在全部工程最后一个保修期终止后，才能签发保修期终止证书。

　　在整个工程保修期满后的 28 天内，由发包人或授权监理人签署和颁发保修责任终止证书给承包人。若保修期满后还未修补，则需待承包人按监理人的要求完成缺陷修复工作后，再发保修责任终止证书。尽管颁发了保修责任终止证书，发包人和承包人仍应对保修责任终止证书颁发前尚未履行的义务和责任负责。

参 考 文 献

[1] 安清利.影响水利工程施工质量的主要因素与控制措施[J].农村经济与科技，2021，32（16）：60-62.

[2] 陈馥芳，郑维.生态水利工程规划设计中的难点及对策[J].工程建设与设计，2021（9）：73-74＋80.

[3] 陈家东.水利工程设计的现状和发展趋势探析[J].工程建设与设计，2021（14）：83-84＋103.

[4] 程相.水利工程设计阶段的造价控制管理[J].河南水利与南水北调，2021，50（2）：60-61.

[5] 程炀，吴泽昊，严杰，等.水利工程设计中的常见问题及对策[J].工程建设与设计，2021（23）：137-139.

[6] 巩继萍.水利工程施工质量及控制措施[J].内蒙古煤炭经济，2021（8）：167-168.

[7] 贺明.水利工程施工质量问题及质量控制措施[J].工程技术研究，2022，7（4）：155-156＋166.

[8] 侯志忠.影响水利工程施工质量的主要因素与控制措施[J].居舍，2021（24）：131-132.

[9] 黄静，刘爱华，褚廷芬.水利工程施工的安全管理探讨[J].中国设备工程，2021（6）：200-201.

[10] 黄影.关于水利工程施工中防渗技术的思考[J].长江技术经济，2022，6（S1）：101-103.

[11] 姜虎.浅析水利工程施工进度管理与控制方法[J].四川水利，2020（S1）：

70-71＋79.

[12] 姜震.水利工程设计应遵循的理论和技术路线[J].新农业,2021（22）:82.

[13] 荆强.水利工程施工质量的影响因素与控制措施[J].工程技术研究,
    2021,6（12）:108-109.

[14] 亢春波,陈瑞革.水利工程施工中的生态环境问题及对策研究[J].四川水
    泥,2021（4）:114-115.

[15] 李兵兵.水利工程施工安全管理探析[J].中国勘察设计,2022（4）:88-90.

[16] 李文品.生态理念在水利工程设计过程中的应用分析[J].中国水运（下半
    月）,2022,22（3）:79-81.

[17] 林艳,陈辉,胡志超.新时期水利工程施工建设管理与成本控制研究[J].
    水利科学与寒区工程,2021,4（5）:182-184.

[18] 刘春江,刘媛媛.水利工程设计中绿色设计理念的应用[J].长江技术经
    济,2022,6（S1）:170-172.

[19] 刘伟.水利工程施工全过程造价管理措施[J].中华建设,2021（8）:58-59.

[20] 刘媛媛,刘春江.生态水利工程设计存在的问题及措施探讨[J].长江技术
    经济,2022,6（S1）:41-43.

[21] 刘志军.生态理念下农田水利工程设计研究[J].南方农业,2021,15（30）:
    219-220.

[22] 卢临瀚.小型农田水利工程施工质量管理方法[J].新农业,2021（8）:90.

[23] 罗成忠,蒲福东.水利工程设计对施工质量的有效控制探讨[J].中国设备
    工程,2021（16）:240-241.

[24] 吕贺.生态理念在水利工程设计中的应用分析[J].陕西水利,2021（8）:
    225-226＋230.

[25] 马丽.水利工程施工及施工过程中生态环境保护分析[J].科技风,2021
    （11）:122-123.

[26] 孟天琦.水利工程施工安全管理问题探讨[J].四川建材,2022,48（1）:

222-223.

[27] 蒲福东，罗成忠. 关于水利工程施工组织设计的优化分析[J]. 中国设备工程，2021（7）：209-210.

[28] 邱香美. 水利工程堤围加固工程设计及施工技术[J]. 珠江水运，2021（7）：54-55.

[29] 任浩楠，祝诗学. 生态水利工程设计在水利建设中的运用探究[J]. 长江技术经济，2022，6（S1）：200-202.

[30] 石晓剑. 浅析水利工程施工质量管理的有效途径[J]. 农业开发与装备，2021（10）：154-155.

[31] 侍孝杰. 节能技术在水利工程设计中的应用[J]. 建材发展导向，2021，19（16）：253-254.

[32] 孙云儒，王铁力，丁浩，等. 现阶段下水利工程设计对施工过程的有效控制分析[J]. 珠江水运，2021（23）：67-69.

[33] 田硕品. 生态水利工程设计中存在的问题分析[J]. 工程技术研究，2021，6（12）：218-219.

[34] 王吉全. 水利工程施工质量管理中工程监理的作用研究[J]. 农村经济与科技，2021，32（14）：69-71.

[35] 王志军. 我国水利工程设计现状及发展趋势探析[J]. 长江技术经济，2022，6（S1）：212-214.

[36] 徐燕，王晓峰. 水利工程施工环节造价控制[J]. 城市住宅，2021，28（S1）：337-338.

[37] 徐莹. 环保设计在水利工程设计中的应用[J]. 工程技术研究，2021，6（8）：236-237.

[38] 杨欣欣. 试论生态水利工程的基本设计原则[J]. 绿色环保建材，2021（9）：179-180.

[39] 尹琦. 水利工程施工现场管理及优化路径探究[J]. 现代农业研究，2021，

27（8）：145-146.

[40] 袁军. 水利工程施工质量控制及管理措施[J]. 工程建设与设计，2021
（14）：202-204.

[41] 张德浩. 农田水利工程施工过程中的质量控制研究[J]. 农业科技与信息，
2021（8）：73-74.

[42] 张红岩. 水利工程设计的常见问题及改进措施[J]. 河南水利与南水北调，
2021，50（5）：53-54.

[43] 张路，秦伟. 水利工程施工测量常用技术分析[J]. 居舍，2022（13）：
73-76.

[44] 张绿君，孙众，王金龙，等. 生态理念下农田水利工程设计探讨[J]. 居舍，
2021（21）：162-163.

[45] 张顺. 水利工程施工质量的影响因素及其控制措施研究[J]. 珠江水运，
2022（1）：100-101.

[46] 张玉涛. 探究水利工程设计中的水土保持理念[J]. 中华建设，2021（6）：
80-81.

[47] 赵丙伟. 浅谈生态水利工程设计中亟待解决的问题和应对措施[J]. 中国
设备工程，2021（20）：233-235.

[48] 赵晖. 农田水利工程施工过程中的质量控制探究[J]. 南方农业，2021，15
（14）：211-212.

[49] 周永新，高亚威. 水利工程施工中常见的质量问题分析与探讨[J]. 石河子
科技，2022（3）：26-28.

[50] 朱利晟. 水利工程施工中常见的质量问题及控制措施[J]. 管理观察，2014
（21）：105-106.